FARBMETRIK

SCIENTIA PHOTOGRAPHICA

MONOGRAPHIEN AUS DEM
GESAMTBEREICH DER
WISSENSCHAFTLICHEN PHOTOGRAPHIE

HERAUSGEGEBEN VON

DR.-ING. KURT MEYER
PROFESSOR MIT LEHRAUFTRAG AN DER HUMBOLDT-UNIVERSITÄT
BERLIN

DR. HANS KIENLE
DIREKTOR DER BADISCHEN LANDESSTERNWARTE
HEIDELBERG-KÖNIGSTUHL
O. PROFESSOR AN DER UNIVERSITÄT HEIDELBERG

BAND 1

1 9 5 7

AKADEMIE-VERLAG·BERLIN

Erschienen im Akademie-Verlag GmbH., Berlin W 8, Mohrenstraße 39
Lizenz-Nr. 202 · 100/462/56
Gesamtherstellung: Druckerei „Thomas Müntzer", Langensalza
Bestell- und Verlags-Nr. 2037/1

HERRN PROFESSOR, DR. PHIL., DR.-ING. E. H.

JOHN EGGERT

ZUM 60. GEBURTSTAG GEWIDMET

Vorwort zur 2. Auflage

Durch den ungewöhnlichen Aufschwung, den die Farbenphotographie in den letzten Jahren genommen hat, ist ein erhöhtes Interesse sowohl für die psychologischen Grundlagen der Farbempfindung als auch für die physikalisch gerichteten Betrachtungen des Farbensehens entstanden. Die Probleme werden unter besonderer Berücksichtigung der Farbmetrik behandelt. Das Büchlein beschränkt sich auf das Wesentliche, und es soll keine lückenlosen Arbeitsvorschriften und keine ausgedehnten historischen Betrachtungen über die Farbmessung[1]) geben. Wohl aber soll es einen *grundsätzlichen* Einblick in den zu behandelnden Gegenstand bringen, was um so notwendiger erscheint, als das Gebiet für die Kreise, die sich mit den zahlreichen Anwendungen der Farbenphotographie befassen, einer Erörterung auf gesicherter wissenschaftlicher Grundlage bedarf.

Die vorliegende Schrift hat einen guten Anklang gefunden, so daß sich Herausgeber und Verlag entschlossen haben, eine 2. Auflage des Buches herauszubringen. Es handelt sich also um einen unveränderten Neudruck. Einige in der Zwischenzeit geänderte Begriffe der Farbmetrik sind als Tabelle am Schluß beigegeben.

Bei der Korrektur der vorliegenden Auflage hat uns Herr stud. Wolfgang Wetzel umsichtig geholfen, wofür wir ihm unseren besten Dank aussprechen.

Berlin, im Oktober 1956

Die Herausgeber *Der Verlag*

---

[1]) Diese Arbeitsvorschriften sind eingehend im neuen Normblatt DIN 5033 vom April 1954 und in den einschlägigen Lehrbüchern:
M. Richter, Grundriß der Farbenlehre der Gegenwart, Dresden, Leipzig 1940 (in diesem Buch kurz mit „Richter" zitiert),
G. Klappauf, Einführung in die Farbenlehre, Leipzig 1949
R. M. Evans, An Introcuction to Color, London 1948,
OP. J. Bouma, Farbe und Farbwahrnehmung, Eindhoven 1951,
S. W. Krawkow, Das Farbensehen, Berlin 1955, niedergelegt.
Hier findet man auch eingehende Literatur.

Inhaltsverzeichnis

I. Allgemeine Eigenschaften der Farbe

Das Sehorgan vermittelt uns die Wahrnehmung des Räumlichen, der Struktur der Sehdinge und das, was nach Elimination dieser beiden Wahrnehmungen übrig bleibt, diejenige der Farbe.

Im Normenblatt DIN 5033 (alte Fassung) wird daher der Begriff „Farbe" folgendermaßen definiert: „Unter ‚Farbe' oder besser ‚Farbenempfindung' verstehen wir diejenige Eigenschaft einer dem Auge *strukturlos* erscheinenden Stelle des Gesichtsfeldes, durch die sie bei einäugiger Beobachtung mit unbewegtem Auge von einer gleichzeitig gesehenen, ebensolchen benachbarten Stelle unterschieden wird." Bei einäugiger Beobachtung mit unbewegtem Auge verschwindet die räumliche Wahrnehmung. Über die strukturlose Beobachtung siehe S. 7; 55. Die Definition umfaßt außer den *bunten* auch die *unbunten* Farben Schwarz, Weiß und Grau. Farben, die sich nur durch ihre Helligkeit unterscheiden, werden als verschieden angesehen. Bisweilen versteht man in der Umgangssprache unter „Farbe" auch die Maler- oder Färbereifarbe. Man muß dafür Sorge tragen, daß keine Verwechslungen der Begriffe entstehen.

Jede Betrachtung über Farben hat grundsätzlich von folgenden Gesichtspunkten aus zu erfolgen:

Bei der Entstehung einer Farbempfindung unterscheidet man einmal die äußere *Ursache*, d. h. die durch physikalische Hilfsmittel feststellbare Strahlung, die auf das Sehorgan einwirkt, auch *Reiz* genannt, und zum anderen die *Wirkung* der Strahlung, d. h. die *Empfindung*, welche im Endzustand durch den Reiz ausgelöst wird. Im allgemeinen müssen beide Momente beschrieben werden, wenn man über das Wesen einer Farbe spricht. Um diese Verhältnisse anschaulich zu machen, bringen wir einige Beispiele.

Beispiel 1: Vom *Empfindungs*standpunkt aus sagt man über ein rotes Stück Papier folgendes aus: Das Papier sieht rot aus, besitzt einen Stich ins Gelbliche, es ist leicht verweißlicht und so gut wie gar nicht verschwärzlicht, seine Helligkeit ist recht groß, es besitzt einen leichten Glanz[1]), hat den Charakter einer Oberflächenfarbe[1]) und ist ästhetisch schön. — Betrachtet man den *Reiz*, so fragt man, welche Strahlung des Spektrums vom Papier auf das Auge trifft, aber auch, welche Umfeld- und Umweltstrahlung gleichzeitig mit derjenigen, welche vom Papier kommt, auf das Auge wirken. Man

---

[1]) Kapitel *d)* S. 7.

fragt, ob das Umfeld viel oder wenig sichtbares Licht ausstrahlt, ferner ob das Papier schwach (z. B. bei Beschattung) oder relativ stark (z. B. direkt) beleuchtet ist, oder ob wir es auf einem Bilde, d. h. als zweidimensionale Fläche im Ausschnitt oder in natürlicher Räumlichkeit, d. h. in dreidimensionaler Form betrachten (geometrische Anordnung der Reize auch relativ zu beiden Augen) usw. Die Änderungen, welche durch diese einfachen oder komplexen Reize hinsichtlich der Farb*empfindung* ausgelöst werden, und die z. T. hierbei durch „zentrale Faktoren", d. h. durch Vorgänge nicht im Auge, sondern im Gehirn bedingt sind, werden psychologisch, d. h. vom Empfindungsstandpunkt aus beschrieben.

Beispiel 2: Sehr deutlich kommt der Unterschied zwischen Empfindungs- und Reizstandpunkt bei der Beurteilung der Farbempfindung *Schwarz* zum Ausdruck. Empfindungsgemäß wird Schwarz als eine ganz besondersartige unbunte Farbe beurteilt, die sich dem Weiß als *positiv* empfindbar an die Seite stellt.[1]) Vom *Reizstandpunkt* aus dagegen nennt man einen Gegenstand schwarz, wenn er keine sichtbare Strahlung reflektiert (negative Beurteilung).

Beispiel 3: Wenn man vom Standpunkt der Empfindung aussagt, es gäbe vier „Grundfarben", und zwar Rot, Gelb, Grün und Blau, so wird bisweilen widersprochen und erklärt, es gäbe nur drei solcher Grundfarben, und zwar Rot, Grün und Blau. Gelb sei keine Grundfarbe, sondern ließe sich additiv aus Rot und Grün mischen. Der Widerspruch in den beiden Urteilen liegt in der Verschiedenheit der Betrachtungsweise. Denn vom Standpunkt der *Empfindung* versteht man unter Grundfarben oder, wie man sagt, unter den „*Urfarben*" diejenigen, welche eine einheitliche Farbtonempfindung hervorrufen. Das ist bei Rot, Gelb, Grün und Blau der Fall, wie wir im nächsten Kapitel näher auseinandersetzen werden. Vom Standpunkt des *Reizes* andererseits versteht man unter „Grundfarben"[2]) diejenigen, aus deren Strahlung alle anderen Farben durch additive Mischung, d. h. durch eine physikalische Operation erzeugt werden können, also z. B. durch Rot, Grün und Blau. Besonders schlimm ist es, wenn bei der Nennung der „Grundfarbe" Grün vom Laien geantwortet wird, Grün sei keine Grundfarbe, denn sie lasse sich aus Gelb und Blau mischen. Diese Aussage ist, wie man leicht sieht, aus der Maltechnik entlehnt und enthält die Tatsache, daß sich die *Pigmente* „Blaugrün" und „Gelb" zu Grün mischen lassen (subtraktive Mischung).

Beispiel 4: Ein (fiktives) Pigment, welches von dem auffallenden Spektrum allein das Licht der Natriumlinie völlig reflektiert, würde man vom *Reizstandpunkt* aus bei Beleuchtung mit Sonnenlicht eine *gesättigte* gelbe Farbe nennen, weil ein nicht mit Weiß vermischtes monochromatisches (s. S. 8ff.) Spektrallicht zurückgeworfen wird. Da nun relativ zur normalen Umge-

---

[1]) Es gibt pathologische Fälle, bei denen der Patient auf gewissen Teilen der Netzhaut und daher auf diesem Gesichtsfeld überhaupt nichts, also auch kein Schwarz, empfindet. Er empfindet dort ebensowenig, wie ein normales Auge von irgend etwas hinter unserem Rücken.

[2]) Dieser Ausdruck ist hier, wie wir später sehen werden, nicht am Platze.

bung von einem solchen fiktiven „natriumgelben" Pigment *nur sehr wenig* Licht remittiert wird, sieht ein solches Pigment aber fast schwarz aus. Die Empfindung für Gelb tritt weitgehend in den Hintergrund. Sie spricht daher von einem stark *schwarzverhüllten Gelb*. Hierauf gehen wir in einem späteren Kapitel noch näher ein.

Beispiel 5: Man denke sich zwei Damen mit unbunten, möglichst faltenlosen Kleidern, von denen das eine weiß, das andere schwarz aussieht (Empfindungsurteil). Die Dame mit dem weißen Kleide stehe im Schatten, die andere in der Sonne. Der Hintergrund sei eine gleichmäßig beleuchtete Wiese. Die Energieverhältnisse des Schatten- und des Sonnenlichtes mögen so gestaltet sein, daß vom beschatteten Weiß ebenso viel Licht (energetisch gemessen) ins Auge dringt wie vom sonnenbestrahlten Schwarz (Urteil über den *Reiz*). Trotzdem wird jeder Beobachter das Urteil abgeben, daß die im Schatten stehende Dame ein leuchtend weißes, die andere ein schwarzes Kleid anhabe (*Empfindungsurteil*). Photographiert man nun solch eine Zusammenstellung, so ist man erstaunt, daß der in der Natur wahrgenommene Unterschied auf dem Bilde (neue Reizbedingung) nicht in dem vollen Maße erkannt wird, denn beide Kleider sehen jetzt sehr ähnlich aus (Empfindungsurteil). Es liegt diesem Beispiel eine für die Photographie verhängnisvolle komplizierte Erscheinung zugrunde, die leider im Gebiet der Farbphotographie noch nicht experimentell erforscht ist. Eine eingehende Behandlung solcher Erscheinungen gibt reichliche Möglichkeit, Aufklärungen für die mannigfaltigen Anwendungen der Photographie zu liefern. In unserem Falle ergäbe sich z. B. die Folgerung, daß beide Damen gleichzeitig in die Sonne oder gleichzeitig in den Schatten zu stellen seien, wenn der Farbunterschied der Kleider zum Ausdruck kommen soll.

Beispiel 6: Weiter sei an die bekannte Erscheinung erinnert, daß ein im Walde photographiertes, *bei der natürlichen Betrachtung* weiß aussehendes Kleid *auf der Photographie* grünlich erscheint (*Empfindungsurteil*). Die Strahlungen, welche vom Kleid in der Natur bzw. vom Kleid auf der Photographie in unser Auge gelangen, sind (eine gute farbenphotographische Methode vorausgesetzt) praktisch die gleichen (Urteil über den *Reiz*). Der Unterschied in Natur- und Bildbetrachtung besteht darin, daß der Sehapparat (seine zentralen Faktoren eingerechnet) einen Unterschied macht, ob er die Art der Beleuchtung (Farbe, Verteilung u. a.) unwillkürlich beurteilen kann, wie das in der Natur der Fall ist, oder ob er bei der Betrachtung an den engen zweidimensionalen Ausschnitt des Bildes gefesselt ist. Im letzten Falle ist der Sehapparat unfähig, die ursprüngliche Beleuchtung voll und ganz wiederzuerkennen und zu verarbeiten.

Wie man sieht, liegen all diesen Beispielen gleichzeitig Urteile über Reiz (Ursache) und Empfindung (Wirkung) zugrunde. Die wissenschaftlichen Untersuchungen solcher Phänomene und Urteile gehören also z. T. in das Gebiet der Physik und z. T. in das Gebiet der Psychologie. Beide beschäftigen sich fast immer mit Reiz *und* Empfindung, aber man spricht die betreffenden Untersuchungen der einen oder der anderen Disziplin zu, je nachdem der Reiz oder die Empfindung im Schwerpunkt des Interesses steht. Die *Physik* bevorzugt die Untersuchung des *Reizes*, die *Psychologie* diejenige der *Empfindung*. Die Physik beschäftigt sich z. B. mit der Erforschung der Strahlung, die den verschiedenen Farbempfindungen zugrunde liegt, während die Psychologie sich u. a. mit den Empfindungsphänomenen befaßt, die bei Änderung der Umweltreizbedingungen auftreten.

Endlich kann man die Farben auch noch vom *physiologischen* Standpunkt aus behandeln. Die Physiologie interessiert uns hier weniger. Sie betrachtet die Vorgänge photochemischer, elektrochemischer und sonstiger Art, die sich bei der Einwirkung physikalischer Reize (Strahlung) am Sinnesorgan und den anhängenden Nervenbahnen abspielen. Diese Vorgänge sind gewissermaßen die Vermittler zwischen Reiz und Empfindung[1]). Es existieren noch gewisse Phänomene im Gebiet der Farbenlehre, die in das strenge, hier beschriebene System nicht eingeordnet werden können. Das sind die sogenannten Nachempfindungen, welche wir erleben, wenn das Sehorgan zuerst einem Farbreiz ausgesetzt wird und dann im Dunkeln gehalten wird. Da jetzt im Dunkeln kein Reiz in Form von Strahlung einwirkt und trotzdem Empfindungen vorhanden sind, so muß der Reiz anderer Art sein. In unserem Falle ist er physiologisch bedingt, vermutlich durch Zersetzungsprodukte der Sehsubstanz, welche bei dem ursprünglichen Farbreiz gebildet wurden. Wir wollen von diesen Dingen in dieser Arbeit absehen.

A. Betrachtung der Farben vom Standpunkt der Empfindung[2])

a) Berechtigung der Betrachtungsweise

Welche Bedeutung die empfindungsgemäße Betrachtungsweise für die Farbenphotographie hat, lehren folgende Beispiele:

Beispiel 1: Zur Prüfung eines farbenphotographischen Verfahrens wendet man im allgemeinen Farbentafeln an. Um eine solche Tafel herzustellen, muß man wissen, was es für Farben gibt und wie man sie einteilt. Es ist notwendig, sich unter der erdrückenden Zahl dieser Farben (z. B. Rot, Oliv, Rosa, Blau, Beige, Braun, Stahlblau, Violett, Purpur usw.) zu orientieren. Es ist also ein *Einteilungsprinzip* vom Empfindungsstandpunkt hierfür notwendig.

Beispiel 2: Das Werturteil über ein farbenphotographisches Verfahren ist ebenfalls in erster Linie ein rein psychologisches, denn man vergleicht die

[1]) Es sei nicht verschwiegen, daß man geneigt ist, die Betrachtung der physikalischen Momente, welche der Empfindung zugrunde liegen, d. h. die Reize, ebenfalls zur Physiologie zu rechnen. Man steht auf dem Standpunkt, daß die Einwirkung einer Strahlung auf das Auge schon als physiologischer Vorgang aufzufassen ist. Indessen interessiert bei einer Betrachtungsweise, wie wir sie hier beabsichtigen, gar nicht die Tatsache, daß die Strahlung im Auge einen physiologischen Vorgang hervorruft, sondern einzig die Tatsache, daß irgendeiner Farbempfindung irgendein physikalischer *äußerer* Vorgang (Reiz, Strahlung) zugrunde liegt.

[2]) Wir haben uns in unserer Darstellung hinsichtlich psychologischer Momente bisweilen nicht ganz zünftig ausgedrückt. Es sollen aber an dieser Stelle keine komplizierten Begriffe und Betrachtungen gebracht werden.

Farbe des aufgenommenen Originals mit derjenigen der Wiedergabe rein *empfindungsgemäß*. Physikalische Betrachtungen haben in diesem *Werturteil* selbst vorerst nichts zu suchen, vgl. hierzu das Kapitel über empfindungsgemäße Farbmetrik (S. 53ff.). Auch die Beispiele 5 und 6 auf S. 3 zeigen die Berechtigung der mehr psychologisch gerichteten Betrachtung der Farben im Interesse der Farbenphotographie.

b) Einteilung der Farben

Vom Empfindungsstandpunkt aus teilt man die Farben ein in *unbunte und bunte*. Die unbunten sind Weiß, Schwarz und die Grautöne. Alle übrigen Farben sind bunt, auch diejenigen, an denen man nur eine Spur von Buntheit erkennen kann. Die bunten Farben enthalten im allgemeinen auch einen unbunten Anteil, d. h. die bunten Farben sind, soweit sie nicht wie die Farben des Spektrums besonders hohe Sättigung besitzen, weiß-, schwarz- oder grauverhüllt. Die Grauverhüllung läßt sich auf eine gleichzeitige Weiß- und Schwarzverhüllung zurückführen.

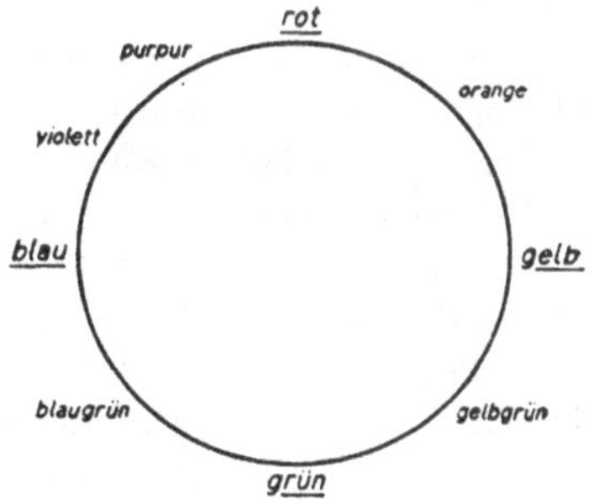

Abb. 1.
Der Farbkreis der psychologisch angeordneten Farbentöne nach Urfarben und Mischempfindungen

Die Einteilung der bunten Anteile bezüglich des Farbtones geschieht folgendermaßen: Es gibt vier „*Urfarben*“: Rot, Gelb, Grün, Blau; wir definieren sie als *einheitliche* Buntempfindungen. Man kann sie, wie in Abb. 1, in Kreisform anordnen. Die besondere Anordnung ergibt sich aus folgender Betrachtung: In der Urfarbe Rot empfinden wir weder Blau noch Gelb, sondern nur Rot. Die Urfarbe Gelb ist weder rötlich noch grünlich, die Urfarbe Grün weder gelblich noch bläulich und die Urfarbe Blau weder grünlich noch rötlich. Andere Urfarben gibt es nicht[1]).

Alle anderen bunten Farben sind Empfindungen, welche an zwei Urfarben erinnern. Sie liegen im Farbenkreis zwischen den Urfarben; so zwischen Rot und Gelb die Orangetöne, aus denen wir gleichzeitig Rot und Gelb empfinden und ähnlich zwischen Gelb und Grün die gelbgrünen, zwischen Grün und Blau die blaugrünen, zwischen Blau und Rot die purpurnen und violetten Töne, aus denen man Rot und Blau gleichzeitig empfindet. Bemerkenswert ist, daß es keine Farben gibt, welche sowohl Rot und Grün bzw. Blau und Gelb gleichzeitig empfindungsgemäß enthalten *(Mischempf.)*.

Das Farbtongebiet zwischen zwei im Farbkreis benachbarten Urfarben muß *als im gewissen Sinne abgeschlossenes Gebiet* angesehen werden. Man darf nicht einwenden, daß etwa das „abgeschlossene“ Gebiet Rot-(Orange)-Gelb sich mit dem Gelb in das Gebiet Gelb-(Gelbgrün)-Grün kontinuierlich fortsetzt. Es ist in Wirklichkeit so, daß von Rot ausgehend am Punkte Gelb ein

---

[1]) Wohl aber gibt es noch zwei *einfache unbunte* Empfindungen, nämlich das Weiß und Schwarz.

Sprung liegt, indem das Rot aufhört und an seiner Stelle ein dem Rot fremdes Element, nämlich das Grün, beginnt, also ein *ganz anderes Farbtonprinzip* in Erscheinung tritt. Daß das Gelb aus der ersten Reihe in der zweiten ebenfalls vorkommt, ändert nichts daran, daß die beiden Gebiete gegeneinander abgeschlossen sind. Um das noch anschaulicher zu machen, wollen wir folgende beiden Farbreihen betrachten: Man denke sich eine mit Rot beginnende und mit Weiß endigende Reihe. In der Reihe seien alle verweißlichten Rots untergebracht. Die zweite Reihe beginnt mit Weiß und endigt mit Schwarz und enthält die Grautöne. Niemand wird je auf den Gedanken kommen, daß beide Gebiete nicht als abgeschlossen zu betrachten sind, obwohl auch hier das eine Farbprinzip, nämlich das Weiß, in beiden vorkommt, ähnlich wie oben das Gelb in den beiden Urfarbenintervallen Rot-Gelb und Gelb-Grün. Ja, es ist sogar so, daß man bei den Reihen Rot-Weiß und Weiß-Schwarz das Schwarz in die erste Reihe Rot-Weiß mit hineinsetzen könnte. Dagegen ist es unmöglich, in die Reihe Rot-Gelb das Grün der Reihe Gelb-Grün mit hineinzunehmen. Die Urfarbenreihen sind also gewissermaßen noch abgeschlossener als die erwähnte Rot-Weiß-Schwarz-Reihe.

Wie wir schon sahen, empfindet man außer bei höchstgesättigten Farben neben dem bunten Anteil noch einen unbunten. Die Farben sind verweißlicht oder verschwärzlicht oder beides, d. h. vergraut. *Dabei ist zu beachten, daß der Bunt-Eindruck unter dem Weiß und Schwarz mehr oder weniger verschwindet oder, wie man anschaulich sagt, durch diese unbunten Anteile „verhüllt“*[1] *wird.* Repräsentanten verweißlichter Farben sind das Rosa als verweißlichtes Purpur oder Rot, Beige als verweißlichtes Orange, Lila als verweißlichtes Violett. Repräsentanten verschwärzlichter Farben sind Braun als schwarzverhülltes Orange, Oliv als schwarzverhülltes Gelbgrün, Russisch-Grün als verschwärzlichtes Grün. Gleichzeitig weiß- und schwarzverhüllte Farben sind Stahlblau, Ziegelfarbig und wohl die Mehrzahl aller gebräuchlichen Farben.

c) Die Helligkeit der Farbe

An einer Farbe erkennen wir neben dem bunten und unbunten Anteil (Schwarz und Weiß) noch eine vierte psychologische Eigenschaft, nämlich deren Helligkeit. Es muß ausdrücklich darauf hingewiesen werden, daß der entgegengesetzte Begriff, die Dunkelheit, zwar mit der Schwarzverhüllung in gleicher Richtung geht, daß aber keineswegs eine allgemeine Proportionalität zwischen beiden besteht. Das heißt, je mehr Schwarz eine Farbe enthält, um so dunkler sieht sie zwar aus, es gibt aber Farbenpaare, die in gleicher Weise verschwärzlicht sind, trotzdem aber verschiedene Helligkeit besitzen. Zum Beispiel sieht ein gesättigtes schwarzfreies Blau dunkler aus als ein in gleicher Weise gesättigtes schwarzfreies Gelb. Man sagt, das Gelb ist „spezifisch“ heller als das Blau. Instruktiv ist ferner folgendes: Man stellt sich ein Blau und ein Gelb in gleicher Helligkeit her. Das kann in der Weise

[1]) Vgl. *R. W. Pohl,* Einführung in die Optik, Berlin-Göttingen-Heidelberg 1948. S. 332.

geschehen, daß man das Blau gesättigt und das Gelb schwarzverhüllt oder dadurch, daß man das Gelb gesättigt und das Blau weißverhüllt darbietet. In beiden Beispielen herrscht zwar gleiche Helligkeit, aber die Verhüllungen mit Unbunt sind völlig verschieden und daher beide Farben verschieden bunt.

d) Erscheinungsweise der Farben

Das unter *b)* erörterte Einteilungsprinzip der Farbempfindungen erscheint sehr einfach und übersichtlich. Die Verhältnisse werden aber wesentlich komplizierter, wenn man weitere Eigenschaften an den farbigen Gegenständen hinzunimmt, nämlich ihre sogenannten *Erscheinungsweisen*. Man ist nämlich vom Empfindungsstandpunkt aus gezwungen, die Farben, die wir an Gegenständen beobachten, d. h. unter Einbeziehung der Struktur (vgl. S. 1), noch weiter in folgender Weise zu klassifizieren:

Es gibt Oberflächenfarben, Durchsichts- und Raumfarben, gespiegelte Farben, Glanz, Leuchten und Glühen. Zum Beispiel kann eine rote Farbe in jeder dieser Formen erscheinen. Alle diese Rots, obwohl sie nach unserer Definition S. 1 gleich sein sollen, sehen eben dann, wenn wir die Struktur nicht eliminieren, verschieden aus und lassen sich daher trotz gleicher Farbqualität nicht ohne weiteres unmittelbar vergleichen. Dazu kommen noch die komplizierten Erscheinungen der Beschattung und der Raumverhüllung[1]).

Von allen diesen verschiedenen „Erscheinungsweisen" muß man sich losmachen, wenn man „die Farbe" an sich beobachten will. Das geschieht in der Weise, daß man die Farbe als „Flächenfarbe" oder „freie Farbe" beobachtet. Auch sie nennt man eine Erscheinungsweise der Farbe. Man „reduziert" eine beliebige Farberscheinung auf Flächenfarbe, wenn man sie durch das Loch in einem Schirm beobachtet, wobei die Farbfläche in einiger Entfernung hinter dem Lochschirm liegt und wobei man auf das Loch akkomodiert. Die zu beobachtende Farbe erscheint dabei „unscharf" und verliert ihre Struktur. Das gleiche kann geschehen, wenn man die Farbfläche auf der Pupille des Auges abbildet (*Maxwellsche* Beobachtung). Flächenfarben sind z. B. auch die Farbe des Himmels oder die des „subjektiven Augengraus", d. h. eine nicht auf einer Oberfläche fest lokalisierte Farbwahrnehmung. Sie ist auch nicht als Raumfarbe aufzufassen, weil ihr doch eine gewisse Flächenhaftigkeit zuzuschreiben ist.

Die meisten dieser hierher gehörigen Erscheinungen sind von ganz besonderer Bedeutung für die Farbenphotographie. Im Rahmen dieses Berichtes wollen wir indessen hierauf nicht eingehen, denn dieses Gebiet ist zwar psychologisch eingehend, aber noch wenig in seiner Beziehung zur Photographie bearbeitet[2]). Es soll nur daran erinnert werden, daß das oben gebrachte Beispiel 5, S. 3, diesem Kapitel angehört. Auch wird es oft auf-

---

[1]) Eigenschaften bei Betrachtung in tiefen, vom Rücken des Beobachters aus beleuchteten Räumen liegender Farben.

[2]) Vgl. *D. Katz*, Zs. Psycholog., Erg.-Bd. 7: Der Aufbau der Farbwelt. Leipzig 1930, ferner *H. Arens*, Agfa-Veröffentlichungen, Bd. V, S. 85, 1937.

gefallen sein, daß man Oberflächenfarben (farbige Stoffe) mit Durchsichtsfarben (Filmbild) nicht ohne weiteres in empfindungsmetrischer Hinsicht in Beziehung setzen kann, was naturgemäß für die Farbenphotographie von großer Bedeutung ist.

Mit dem Beispiel 6, S. 3, hängt ferner die bekannte und sehr wichtige Erscheinung zusammen, daß die Farben in weitem Umfange von der Farbtonänderung der Beleuchtung unabhängig sind. Weiße Gegenstände erscheinen eben nicht nur bei unbunter Beleuchtung weiß, sondern auch z. B. bei grünlicher Waldbeleuchtung oder bei orangefarbigem Lampenlicht.

B. *Betrachtung der Farben vom Reiz-Standpunkt*

Bei den folgenden Betrachtungen, die wir den Farben vom Reizstandpunkt aus widmen, müssen wir uns von der „Struktur" der Farben loslösen und die Farben rein nach der auf S. 1 gebrachten Definition auffassen (vgl. Normblatt DIN 5033) *und die Farben als Flächenfarben oder freie Farbe beobachten.*

a) Die Gesetze der additiven Farbmischung

Eine Farbempfindung kommt zustande, wenn „sichtbare Strahlung" auf das Auge einwirkt. *Diese sichtbare Strahlung nennt man den Farbreiz.* Ist diese Strahlung monochromatisch, („Spektralreiz") so existiert bei nicht gerade extrem geringer oder großer Intensität für jede Wellenlänge im großen und ganzen ein einziger Farbton, entweder einfacher oder auch zusammengesetzter psychologischer Natur. Die Strahlung der Wellenlänge 700 mμ z. B. erweckt in uns eine fast reine Rotempfindung, während bei $\lambda = 600$ mμ ein Orange erregt wird, das, wie wir auseinandersetzten, empfindungsgemäß sowohl an Rot wie an Gelb erinnert.

Wir fragen nun danach, was wir empfinden, wenn die Strahlungen zweier monochromatischer Farben *additiv* gemischt werden, *wenn also auf das Auge beide Strahlungen gleichzeitig einwirken,* wozu wir irgendeine physikalische Einrichtung anwenden wollen (z. B. Übereinanderprojizieren mit Hilfe zweier Spektralprojektionsapparate). Sind diese Strahlungen nicht sehr weit im Spektrum voneinander entfernt, so beobachten wir einen Farbton, der zwischen den Farbtönen der beiden zu mischenden Spektralreize liegt. Die Lage dieses Farbreizes im Spektrum richtet sich nach dem Intensitätsverhältnis der beiden zu mischenden Strahlungen, und durch geeignete Mischverhältnisse erhält man *alle* Farbtöne zwischen den beiden Mischreizen. *Die Farbe der Mischung aber — und das ist wichtig! — ist mehr oder weniger verweißlicht gegenüber derjenigen der reinen Vergleichsstrahlung.* Beispiel in Abb. 2.

Die Verweißlichung ist um so größer, erstens je mehr wir die Wellenlängen λ_1 und λ_2 der zu mischenden Strahlungen aus der Mitte des Spektrums wählen (also etwa zwischen 550 mμ Gelbgrün und 510 mμ Blaugrün), zweitens je weiter sie auseinander liegen (z. B. 560 mμ Gelbgrün und 480 mμ Blau) und drittens je mehr die „Mischwellenlänge" λ_3 in den Mittelpartien zwischen λ_1 und λ_2 gelegen ist.

Rücken die Spektralreize weiter auseinander, so nimmt die Weißverhüllung der Mischung derartig zu, daß bei einem gewissen Mischungsverhältnis an Stelle einer bunten Mischfarbe allein Unbunt (Weiß) übrigbleibt. Solche Paare von Spektralreizen, die in einem bestimmten Mischungsverhältnis den Eindruck Unbunt ergeben, nennt man *Gegenfarben*. (Beispiele: 700 mμ [rot] und 493 mμ [blaugrün] oder 575 mμ [gelb] und 471 [blau][1]).

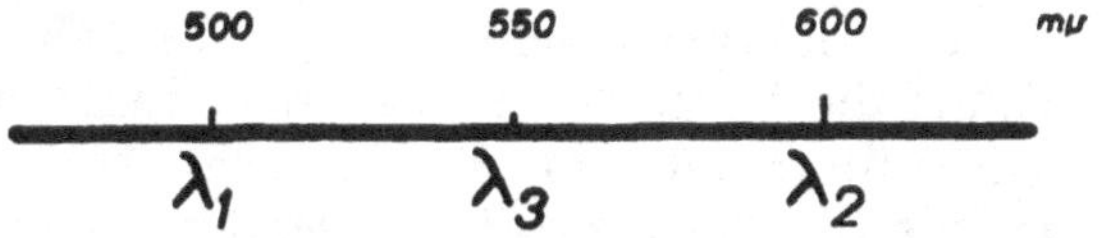

Abb. 2. Beispiel einer Mischung zweier nahe beieinanderliegender Stellen des Spektrums λ_1 und λ_2. Das Gemisch hat empfindungsgemäß den gleichen Farbton wie die Strahlung von λ_3

Wählt man ein anderes Mischungsverhältnis der Gegenfarben als eben beschrieben, so erhält man nur die Farbtöne der Komponenten mehr oder weniger mit Weiß verhüllt.

Legt man die Spektralreize von λ_1 und λ_2 noch weiter auseinander, so entstehen bei der Mischung Farbtöne, deren äquivalente Wellenlängen außerhalb von λ_1 und λ_2 liegen, z. B. λ_3 in Abb. 3 (λ' und λ'' sind Gegenwellenlängen) oder die im Spektrum nicht vorkommenden Purpurfarbtöne.

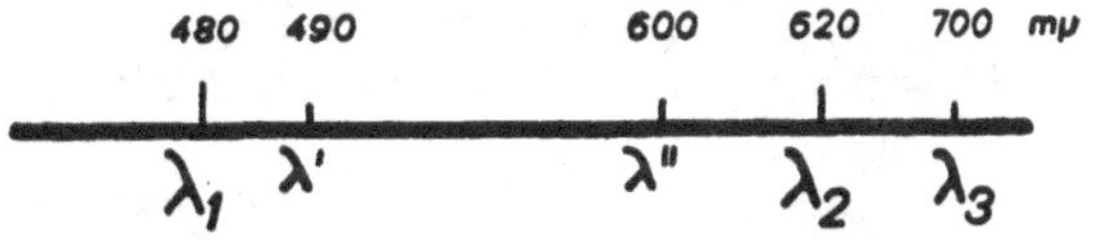

Abb. 3. Beispiel einer Mischung zweier weit voneinander entfernter Stellen des Spektrums

Diese Purpurfarben sind um so weißverhüllter, je weiter die Mischwellenlängen von den Enden des Spektrums entfernt liegen, dagegen hochgesättigt, wenn man die Enden des Spektrums mischt, also etwa bei $\lambda = 400$ mμ und 700 mμ.

Wir machen noch einmal darauf aufmerksam, daß es sich bei den hier angeführten Versuchen um *physikalische* Mischung zweier Strahlungen handelt. Zwar entsteht bei der physikalischen Mischung von Rot und Gelb ein Rotgelb, hier gehen also Empfindung und Reiz parallel (aber nur qualitativ). Dagegen ist dieser Parallelismus nicht mehr vorhanden, wenn Rot und Grün physikalisch gemischt werden. Dann entsteht bekanntlich Gelb[2]).

[1]) Auch Komplementärfarben liefern den Unbunteindruck bei additiver Mischung, hier werden jedoch große Spektralteile zum *Gesamt*spektrum gemischt und nicht Spektralteile zu einem *Teil*spektrum. Als Oberbegriff zu diesen beiden hat man den Begriff der *kompensativen Farben* gebildet (*Richter*, S. 97).

[2]) Die in diesem Kapitel bis jetzt aufgestellten, recht einfach erscheinenden Gesetzmäßigkeiten müßten korrekterweise in etwas anderer Form gebracht werden. Mischt man z. B. (Abb. 2) die Spektralreize bei λ_1 und λ_2 in gewissem Verhältnis, so beobachtet man nicht eine Farbe, die genau denselben Farbton besitzt wie λ_3, sondern eine Farbe, die entsteht, wenn man den Reiz λ_3 mit der gewissen Menge Weiß additiv mischt. Die so entstehende Farbe kann empfindungsgemäß einen ein wenig anderen Farbton besitzen als das Licht λ_3. Dieses Moment kann besonders in der Nähe der Gegenwellenlängen eine Rolle spielen. An der grundsätzlichen Form der Gesetzmäßigkeiten, wie wir sie oben aufstellten, ändert das aber nichts. Hierauf wird später noch eingegangen (vgl. S. 41 ff).

Alles das sind Fälle von *binärer* Farbmischung. Geht man zur *ternären* Farbmischung über, so gilt folgende einfache Gesetzmäßigkeit (Abb. 4):

Gegeben seien drei Spektralreize (bei λ_1, λ_2, λ_3) die wir in einem bestimmten Verhältnis mischen wollen. Das Resultat ergibt sich dann so: Man vereinigt zuerst die Strahlung von λ_1 und λ_2 und erhält den Farbton bei λ' mit entsprechender Verweißlichung. Nunmehr mischt man das verweißlichte Licht (λ') mit dem Licht von λ_3 und erhält nach den Regeln der binären Mischung die Farbe bei λ'', die gleichzeitig das Resultat der Mischung von den Lichtern mit den Wellenlängen λ_1, λ_2 und λ_3 darstellt. Dabei addieren sich die Weißmengen, die bei den einzelnen Mischvorgängen entstehen.

Wie hiernach leicht einzusehen ist, lassen sich mit drei Komponenten λ_1, λ_2, λ_3 alle Farbtöne des Spektrums — *immer in einem gewissen Grade verweißlicht* —, außerdem Purpur, Weiß und die beliebig verweißlichten Farben herstellen, vgl. Abb. 4. Hierbei ist dafür zu sorgen, daß λ_1 weiter von λ_3 entfernt ist, als die zu λ_1 gehörige Gegenwellenlänge λ_{g1}, um alle Farbtöne außerhalb λ_1 und λ_3, ferner Purpur aus ihnen zu erhalten. Weiterhin ist dafür zu sorgen, daß λ_2 näher an λ_1 und λ_3 liegt, als die Gegenwellenlänge von λ_1 und λ_3 (λ_{g_1} und λ_{g_3}). Auf diese Weise erhalten wir alle Farbtöne des Spektrums zwischen λ_1 und λ_2 durch Mischung der Spektralreize bei λ_1 und λ_2 und diejenigen zwischen λ_2 und λ_3 durch Mischung der Reize bei λ_2 und λ_3. Weiß kann gemischt werden aus den Spektralreizen bei λ_1, λ_2, λ_3, indem man die Strahlung von λ_1 und λ_2 in solchem Verhältnis vereinigt, daß sie gerade die Gegenfarbe zu λ_3 ergeben. Alle stark verweißlichten Farben entstehen in ähnlicher Weise durch geeignete Mischung aller drei Lichter λ_1, λ_2, λ_3.

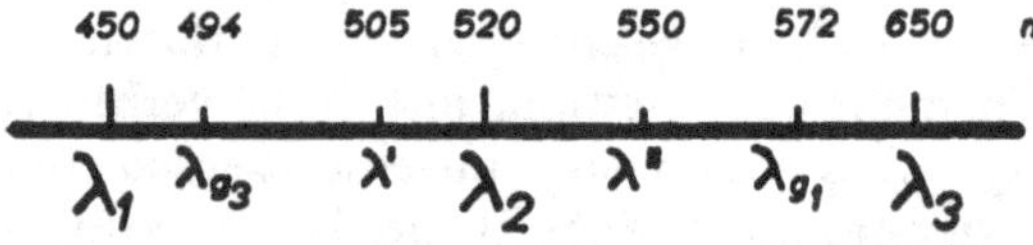

Abb. 4. Beispiel einer ternären Farbmischung

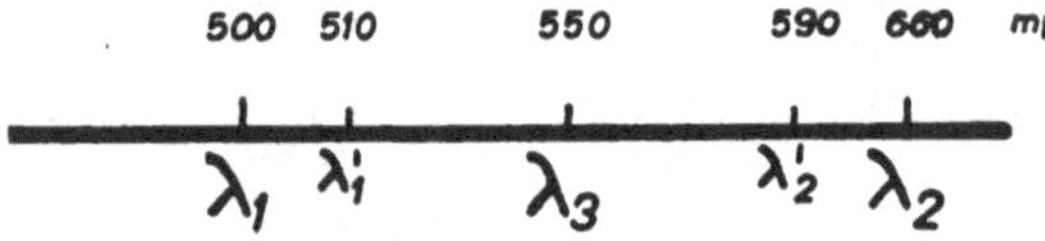

Abb. 5. Beispiel für gleiche Farben verschiedener spektraler Zusammensetzung

Sehr wichtig ist nun folgendes: Da auf diese Weise sämtliche Farben (oberhalb eines gewissen Weißgehaltes) durch ternäre Mischung herstellbar sind, kann man mit dem gleichen Verfahren eine vierte, fünfte, ja sehr viele weitere Spektralreize hinzunehmen und kommt damit niemals zu neuen Farben.

Daraus ergibt sich aber, daß *ein und derselben Farbempfindung Strahlungsgemische verschiedenster physikalischer Zusammensetzungen und somit verschiedene Farbreize zugrunde liegen können.* Genauer präzisiert: Vgl. Abb. 5. Irgendein Farbton entsprechend λ_3 zwischen λ_1 und λ_2 (mit einer gewissen Verweißlichung) kann man einmal erhalten durch geeignete Mischung dieser beiden Strahlungen. Andererseits ist aber ein Spektralreizpaar in der Nähe von λ_1 und λ_2 wählbar, λ'_1 und λ'_2, dessen Strahlungsmischung in geeignetem Mischungsverhältnis zu dem gleichen Mischfarbenton bei λ_3 führt, wenn nur λ_3 zwischen λ'_1 und λ'_2 liegt.

Sollte indessen bei dem Gemisch der Spektralreize mit den Wellenlängen λ'_1 und λ'_2 nicht die Verweißlichung erreichbar sein, die wir bei der Vereinigung der Strahlungen bei λ_1 und λ_2 erhielten, so brauchen wir nur eine geeignete Menge der Reize bei λ_1, λ_2 und λ_4 hinzufügen, wobei λ_4 so zu wählen ist, daß die drei Strahlungen zusammen Unbunt ergeben können. Die Mischung aller vier Spektralreize bei λ_1, λ_2, λ'_1, λ'_2 ergibt ebenfalls den *Farbton* des Reizes bei λ_3 und unter Zuhilfenahme des Reizes bei λ_4 die exakt verweißlichte Farbe, welche durch Mischung der Spektralreize bei λ_1 und λ_2 ursprünglich entsteht. Man kann nun jederzeit eine Kombination von anderen rechts und links liegenden Lichtern wählen, die zu der gleichen Farbe (verweißlichtes Licht bei λ_3) führt. Diese Überlegungen lassen sich (insbesondere bei stark verweißlichten Farben) unter Hinzuziehung weiterer Strahlungen beliebig weiter fortführen.

Aus dem eben Erörterten leiten sich ferner die sogenannten *Grassmannschen Gesetze* ab. Sie lauten:

I. Gleichaussehende, aber spektral verschieden zusammengesetzte Farben geben bei der additiven Mischung ihrer Strahlungen die gleiche Mischfarbe.

II. Zur Kennzeichnung des farbigen Prinzips[1]) eines Farbreizes sind drei voneinander unabhängige Größen notwendig und hinreichend.

III. Alle Farbmischreihen sind stetig.

Diese Gesetze sind die Grundlage der Farbreizmetrik.

Das erste Gesetz ergibt sich aus folgender Tatsache: Ob wir (vgl. Abb. 4) die Spektralreize bei λ_1 und λ_2 mit der Strahlung von λ_3 mischen, oder die gleichaussehende monochromatische Strahlung λ' (mit wenig Weiß vermischt entstanden aus $\lambda_1 \lambda_2 \lambda_3$) mit λ_3 vereinigen, in beiden Fällen erhalten wir die gleiche Farbe bei λ'' (neben entsprechenden Mengen Weiß). Diese Tatsache läßt sich, wie das Experiment gezeigt hat, beliebig unter Hinzuziehung neuer Spektralreize erweitern und zum 1. Grassmannschen Gesetz verallgemeinern.

Das zweite Gesetz ergibt sich aus folgender Betrachtung: Allen gleichaussehenden Farben, deren spektrale Zusammensetzung nach S. 10 u. U. verschieden sein kann, läßt sich, wie aus dem Erörterten hervorgeht, eine ternäre Mischung dreier monochromatischer (oder auch zusammengesetzter) Strahlungen zuordnen, deren geeignete additive Mischung die gleiche Farbe besitzt. Die Mengen dieses Tripels von Farbreizen kann man als Kennzeichnung aller dieser gleichaussehenden Farben wählen. Unsere Kennzeichnung ist ***hinreichend***, weil wir durch Hinzufügung weiterer Komponenten keine neuen Farben erhalten. Sie hat ***notwendig*** durch drei Reize zu erfolgen, da wir durch zwei Reize entweder nur die zwischen ihnen bzw. nur außerhalb dieser Grenzen liegenden Farbtöne (oder Purpur ebenfalls verweißlicht) sowie reines Weiß erhalten. Hat man die drei Spektralreize als Eichreize im

[1]) Nicht der Strahlung, Strahlungen an sich mißt man mit Strahlungsenergiemessern (Thermosäule).

Spektrum geeignet festgelegt, so lassen sich sämtliche Farben (oberhalb eines gewissen Weißgehaltes) durch jeweils geeignete Wahl der Mengen dieser drei Eichreize kennzeichnen. Über die Maßsysteme, die sich hieraus ableiten, werden wir später sprechen.

Dem dritten Grassmannschen Gesetz über die Stetigkeit der Mischreihen liegt die Tatsache zugrunde, daß mit einer kleinen Änderung der einen der Mischspektralreize auch nur eine kleine Wellenlängenänderung des äquivalenten Vergleichsspektralreizes verbunden ist.

Im Normblatt DIN 5033 (1. 3) hat man als Ausdruck für die beschriebene eigentümliche Bewertung gleich aussehender Farbreize durch das Auge das Wort „*Farbreizvalenz*" geschaffen. Jedem Farbreiz ordnen wir eine Farbreizvalenz zu und kennzeichnen sie zahlenmäßig, z. B. durch die Mengen der drei „Eichreize". Das zweite Grassmannsche Gesetz können wir jetzt einfacher fassen:

Zur Kennzeichnung einer *Farbreizvalenz* sind drei voneinander unabhängige Größen notwendig und hinreichend.

Liegen zwei gleichaussehende Farbreize vor, deren Farbreizvalenzen also gleich, deren zugehörige spektrale Zusammensetzungen aber verschieden sind, so spricht man von „*bedingt*" *gleichen*[1]) (von Ostwald „metamer" genannten) *Farbreizvalenzen* (DIN 5033, 1. 3).

b) Die natürlichen Farben

1. Farb- und Weißgehalt

Die Farben der natürlichen Dinge teilt man zweckmäßig ein in solche, die ihr Licht von sich aus ausstrahlen *(Selbstleuchter)*, z. B. die Farbreize im Spektralapparat und die der Lichtquellen, und in solche, die beleuchtet werden müssen, z. B. Farben der durchsichtigen oder reflektierenden Medien (Filter und Pigmente). Die Medien selbst nennt man *Körperfarben*. Abgesehen von den Spektralreizen oder von den monochromatischen Lichtquellen, sind erfahrungsgemäß alle anderen natürlichen Farbreize komplizierte, aus sehr vielen Komponenten zusammengesetzte Strahlungen.

Man stellt dieses Gemisch von Strahlungen bei Lichtquellen durch die Angabe der relativen[2]) spektralen Energieverteilung E_λ, bei durchsichtigen oder reflektierenden Medien durch die sogenannte Transparenz- bzw. Remissionskurve her. Die Transparenzkurve ist der Quotient von durchfallendem zu auffallendem Licht in Abhängigkeit von der Wellenlänge, die Remissionskurve entsprechend der *spektrale Remissionsgrad*, d. h. das Verhältnis der Leuchtdichte der zu untersuchenden farbigen zu der einer

[1]) Man will damit zum Ausdruck bringen, daß die „Gleichheit" der Farbreizvalenzen nur unter festgelegten Bedingungen gewährleistet wird. Dazu gehört beispielsweise die festgelegte Beleuchtung der Farben. Identische Farbreize führen nach dem Normblatt zu „unbedingt" gleichen Farbreizvalenzen.

[2]) Relativ insofern, als man die Energie bei einer bestimmten Wellenlänge gleich 1 setzt.

„weißen" Fläche, welche das auffallende Licht jeder Wellenlänge vollständig zurückstrahlt, ebenfalls in Abhängigkeit von der Wellenlänge. Dei Remissionsgrad bezieht sich also immer auf ein Einheitsweiß, für welches man in praktiscb genügender Annäherung eine durch eine Magnesiumflamme frisch „berußte" Fläche benutzen kann.

Wenn wir uns unter den Remissionskurven umsehen, so fällt auf, daß eine Körperfarbe, welche bei allen Wellenlängen den gleichen spektralen Remissionsgrad besitzt, unbunt erscheint. Diese Tatsache nimmt jeder Physiker ohne Bedenken und ohne Verwunderung hin, denn er sagt sich folgendes: Bestrahlt man eine solche Fläche mit einer unbunten Lichtquelle, so hat das reflektierte Licht die gleiche relative spektrale Zusammensetzung wie diese Lichtquelle. Das zurückgestrahlte Licht ist also ebenfalls unbunt. Verwunderlich dagegen ist die Tatsache, daß das Licht einer äquienergetischen Strahlung praktisch als Unbunt zu bezeichnen ist.

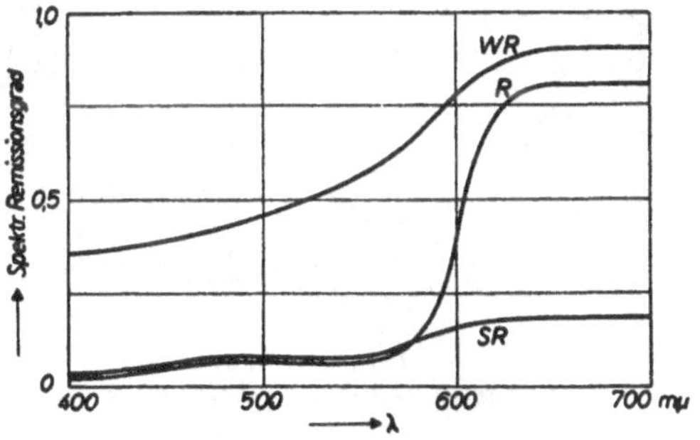

Abb. 6. R = Remissionskurve eines roten Pigments, WR = weißliches Rot, SR = schwärzliches Rot

Allen bei äquienergetischer Beleuchtung bunt erscheinenden Körperfarben kommen nun Transparenz- oder Remissionskurven zu, deren Ordinaten nicht überall gleich sind. Aus den Kurvenzügen kann man abei nur ungefähr die durch die Strahlung ausgelöste Farbempfindung erraten.

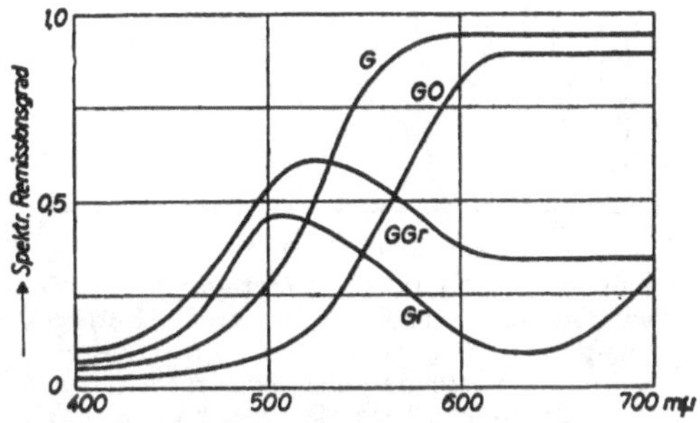

Abb. 7. G = Remissionskurve eines gelben Pigmentes, Gr = eines grünen Pigmentes, GO = Gelborange, GGr = Gelbgrün

Die Durchsichtsfarben können als Filter bekanntlich fast beliebig streng hergestellt werden. Alle Remissionsfarben werfen, z. T. infolge der Oberflächenreflexion, dagegen nicht allein diejenigen Bereiche des Spektrums, die ihrer Farbenempfindung entsprechen, zurück, sondern noch einen beträchtlichen Teil weiteren Lichtes, und zwar in verhältnismäßig großem Prozentsatz. So reflektieren rote Pigmente (Abb. 6) das rote, orangefarbene und gelbe Licht weitgehend. Aber auch die grünen, blauen und violetten Strahlen werden in gewissem Grade zurückgeworfen, wenn auch bei weitem weniger als die erstgenannten.

Gelbe Pigmente (Abb. 7) reflektieren Rot, Gelb, Grün und Blaugrün, absorbieren weitgehend, aber nicht völlig, Blau und Violett. Grüne Pigmente (Abb. 7) reflektieren Rot, Gelb, Grün, Blaugrün, Blau und absorbieren weitgehend Orange und Violett.

Blaue Pigmente (Abb. 8) reflektieren Blaugrün, Blau, Violett und meistens das Rot, absorbieren weitgehend Gelb, Gelbgrün und Grün.

In all diesen Fällen wird das Licht im Absorptionsgebiet nicht quantitativ verschluckt, sondern noch etwas reflektiert. Auf diese Weise wird vom gesamten Spektrum ein gewisser konstanter Bruchteil zurückgeworfen. Dieser Teil gibt zu einer Verweißlichung des Pigmentes Veranlassung (g_w im Gegensatz zu g) Abb. 9.

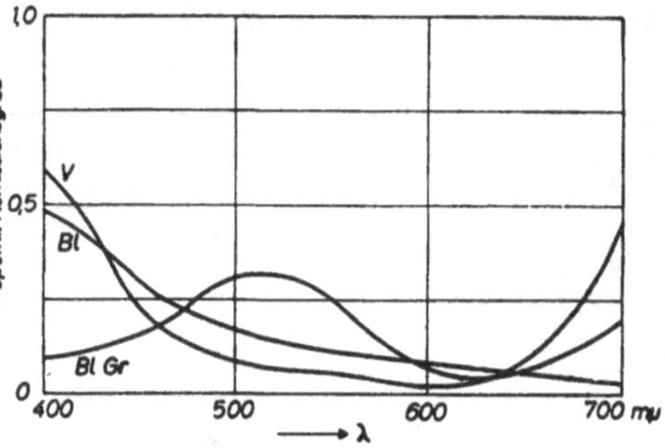

Abb. 8. *Bl* = Remissionskurve eines blauen Pigmentes, *V* = Violett, *BlGr* = Blaugrün

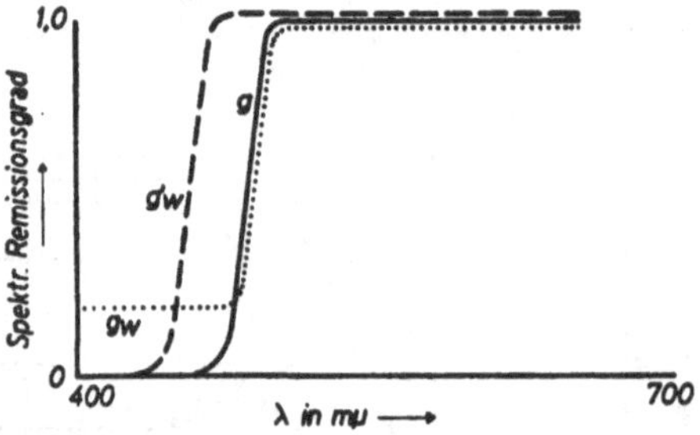

Abb. 9 (schematisch). Entstehung der Verweißlichung durch allgemeine Reflexion entsprechend g_w oder durch spektrale Ausdehnung des Remissionsspektrums (g'_w) · g ist die Remissionskurve der gesättigten Farbe

Verweißlichung wird aber nicht allein durch die eben beschriebene allgemeine Reflexion bedingt, sie tritt auch dadurch auf, daß das Remissionsspektrum nach den Seiten erweitert wird. Das Pigment mit der Remissionskurve g' ist ebenfalls wie g ein weißliches Gelb (vgl. auch *WR* in Abb. 6). In diesem Falle kommt die Verweißlichung nach S. 8ff. dadurch zustande, daß bei additiver Mischung zweier oder mehrerer Spektralreize immer eine mehr oder weniger starke Verweißlichung auftritt.

Gemäß dieser Darstellung scheint der Zusammenhang zwischen Farbe, Weißverhüllung und Remissionsspektrum sehr einfach zu liegen. Indessen können die Verhältnisse noch etwas komplizierter werden. Es kommt insbesondere bei der Farbenphotographie vor, daß im Spektrum einer Farbe diejenigen Teile des Spektrums in verhältnismäßig geringem Grade vorhanden sind, welche ihr im Farbton entsprechen. Zum Beispiel kann ein gelbes Filmbild in der Hauptsache den roten und grünen Teil des Spektrums reflektieren, in geringerem Maße dagegen das spektrale Gelb. Der Grund dafür, daß solch ein Film trotzdem gelb aussieht, ist im folgenden zu suchen: Gelb liegt im Spektrum zwischen Rot und Grün, und da diese beiden Farben nicht sehr weit voneinander entfernt sind, geben sie nach den Mischungsgesetzen zusammen Gelb. In der additiven Farbenphotographie kommen bekanntlich solche Fälle sehr häufig vor, weil sich die drei zu addierenden Spektralbereiche der Farben Rot, Grün und Blau nur wenig überschneiden.

2. Schwarzgehalt der Farben

Wir gehen nun zu der Frage über: Welche Reize liegen der psychologischen Erscheinung der Schwarzverhüllung zugrunde?

Wir machen folgende Versuche[1]):

Versuch 1: In einem Dunkelraum mit schwarzen Wänden läuft ein Farbenkreisel, dessen ganze Fläche monochromatisches Licht ausstrahlt (z. B. scheibenförmige Entladungslampe). Der Farbenkreisel wirkt wie eine kreisförmige, sehr bunte Lichtquelle. Der volle Sektor des Farbenkreisels wird jetzt nach und nach schwarz abgedeckt, so daß nur noch ein Bruchteil der monochromatischen Strahlung ausgesendet wird. Der laufende Kreisel wird dadurch immer lichtschwächer. Die Buntheit bleibt aber (wenn man oberhalb der Intensitäten bleibt, bei denen das Stäbchensehen beginnt) immer voll erhalten. Man hat bis zuletzt den Eindruck von einer Lichtquelle in Form einer leuchtenden, sehr bunten Fläche. Sie ist zwar lichtschwächer geworden, aber der Eindruck von „Schwarzverhüllung" (s. S. 6) tritt trotz Hinzufügung des schwarzen Sektors nicht auf.

Versuch 2: Jetzt machen wir denselben Versuch noch einmal, aber so, daß der Kreisel mit einem weißen (etwa von hinten beleuchteten) Umfeld versehen wird. Die Leuchtdichte des weißen Umfeldes wählen wir etwa gleich groß mit derjenigen der monochromatischen Kreiselscheibe. Bei vollem Sektor haben wir dann genau wie beim vorigen Versuch den Eindruck, daß der Kreisel selbst „leuchtet"[2]). Wird nun die Scheibe wiederum durch Abdecken mit Schwarz verkleinert, so hört bei einer gewissen Größe des Sektors (wenn auch nicht sehr scharf) der Eindruck des „Leuchtens" auf, so daß man jetzt die Empfindung hat, als mache der Kreisel den Eindruck eines kreisförmigen Anstriches auf dem weißen Umfelde. Zweckmäßig ist es, bei solchen Versuchen unscharf zu akkommodieren, damit die Oberfläche der Lampe nicht mit allen Einzelheiten beobachtet werden kann. Vergrößert man den Schwarzsektor noch weiter, so entsteht nunmehr Schwarzverhüllung, wobei die Buntheit zurücktritt.

Wir lernen aus diesen Versuchen, daß *bei weißer Umgebung Schwarzverhüllung auftritt, daß sie dagegen in schwarzem Raum ausbleibt. Ferner ergibt sich, daß wir empfindungsgemäß einen Unterschied zwischen reiner Helligkeitsverringerung und Schwarzverhüllung machen müssen. In beiden Fällen wird die Helligkeit herabgesetzt, aber im ersten bleibt die Buntheit erhalten, während sie im zweiten Falle durch Schwarz verhüllt und damit vermindert wird.* Endlich lernen wir, *daß Leuchten und Schwarzverhüllung entgegengesetzte Erscheinun-*

[1]) Der Inhalt der Versuche ist dem Leser zum Teil aus eigener Anschauung bekannt und in der Literatur (vgl. u. a. *R. W. Pohl*, Einführung in die Optik, S. 331, Berlin 1948) beschrieben. Wir haben selbst einiges ergänzt und beschreiben die Experimente in einer Form, die gewissermaßen als Gedankenexperiment zu verstehen ist. Der Sachverhalt soll dadurch mehr grundsätzlich dargestellt werden.

[2]) Von „Leuchten" wollen wir dann sprechen, wenn der Gegenstand selbst Licht auszusenden scheint, auch dann, wenn er das Licht von einer (etwa verborgenen) Lichtquelle erhält und reflektiert (vergl. 1a und 2a).

gen sind, die sich gegenseitig ausschließen. Wir möchten den Begriff „Leuchten" in diesem Sinne aufgefaßt wissen.

Versuch 3: Wir machen nun den Kreiselversuch noch einmal, aber nicht im Dunkelraum und nicht mehr mit weißem Umfeld, sondern in einem gewöhnlichen, also von einer normalen Lichtquelle erleuchteten Hellraume; der farbige Sektor selbst soll das Beleuchtungslicht nicht reflektieren. Wir werden beobachten, daß man auch hier beim Belegen der Lampe mit rotierenden schwarzen Sektoren einen Punkt findet, von dem aus bei Verkleinerung des schwarzen Sektors Leuchten, bei Vergrößerung Schwarzverhüllung auftritt. Auch bei diesem Versuche muß man durch unscharfe Akkommodation vermeiden, daß man die Umrisse der Lampe und ihre Einzelheiten zu genau erkennen kann, man vielmehr den Eindruck hat, als ob die Lampe bei kleinen Sektoren ihr Licht nicht aus sich selbst, sondern durch Reflexion der Raumbeleuchtung erhielte. Es muß daher auch vermieden werden, daß die Lampe nahe bei ihr gelegene Gegenstände beleuchtet.

Der Versuch lehrt, *daß nicht unbedingt ein weißes Umfeld vorhanden sein muß. Es kann durch die Summe von normal beleuchteten und beschatteten Gegenständen ersetzt werden, die sich irgendwo im normal beleuchteten Raume befinden.*

Wir machen nun die drei Versuche noch einmal, indem wir die monochromatische Lichtquelle durch eine möglichst gesättigte Pigmentfarbe ersetzen, die wir von vorn beleuchten. Führt man den Versuch (*Versuch 1 a*) im Dunkelraum ohne weißes Umfeld aus, und zwar möglichst wieder so, daß man durch ungenügende Akkommodation oder durch Betrachtung aus weiter Ferne die Struktur des Pigmentes zum Verschwinden bringt, und so, daß die den Kreisel „anstrahlende" Lichtquelle versteckt liegt, so hat man auch hier den Eindruck, als ob die Scheibe leuchtet, selbst wenn der farbige Sektor noch stark verkleinert wird.

Versuch 2 a: Bei weißem Umfeld (konstanter Helligkeit) tritt ebenfalls genau das gleiche ein wie früher. Die Scheibe sieht leuchtend oder schwarzverhüllt aus, je nachdem, ob wir uns oberhalb oder unterhalb eines bestimmten Helligkeitspunktes befinden.

Versuch 3 a: Der Kreisel in normaler Hellraumumgebung zeigt genau wie früher zunehmende Schwarzverhüllung, je größer die Schwarzabdeckung des farbigen Sektors gewählt wird. Ein Leuchten tritt nicht mehr auf, es sei denn, daß man den Kreisel mit einer genügend starken Lichtquelle, ohne daß man ihren Ort kennt, zusätzlich anstrahlt und man wieder unscharf akkommodiert. Das Leuchten entsteht ohne diese Zusatzbeleuchtung deshalb nicht, weil ein Pigment ja kein Selbstleuchter ist und daher seine Leuchtdichte infolge der gewählten normalen Raumbeleuchtung über ein gewisses Maß hinaus nicht gesteigert werden kann.

Versuch 4: Wir beleuchten nun die farbige Pigmentfläche und das weiße Umfeld mit einem Projektionsapparat. Obwohl dabei die weiße Umgebung heller ist als die farbige Fläche, sieht die farbige Fläche doch noch sehr bunt aus, d. h. sie ist noch kaum schwarz verhüllt. Der Eindruck der hohen Buntheit bleibt erhalten, wenn die Beleuchtung von Farbfläche und Umgebung herab- oder heraufgesetzt wird oder gar, wenn wir jetzt natürliches Licht durch Öffnen der Fensterläden hereinlassen.

Versuch 5: Wir wollen nun nach erneuter Verdunkelung des Raumes bei gleicher Beleuchtung des Farbfeldes und seiner Umgebung (mit dem Projektionsapparat) die Helligkeit des Farbfeldes dadurch herabsetzen, daß wir entweder auf dem Kreisel mehr Schwarz aufziehen oder dadurch, daß wir das Pigment mit einer Graufolie bedecken. Da auf diese Weise gegenüber den normalen Verhältnissen die Umgebung relativ heller geworden ist, tritt eine Schwarzverhüllung der Farbe auf. Diese bleibt erhalten, wenn wir die Intensität der Beleuchtung in gleichem Maße herauf oder herabsetzen oder wieder Tageslicht einfallen lassen.

Was haben wir nun im Grunde mit der Pigmentfarbe gemacht? Dadurch, daß wir die Graufolie aufgelegt haben, wurden alle Ordinaten der Remissionsfunktion im gleichen Verhältnis verringert.

Wir finden also, daß eine Verschwärzlichung dann auftritt, wenn bei Anwesenheit eines gleichbeleuchteten weißen Umfeldes bzw. einer normalen Umgebung die Remissionsgrade einer gesättigten Pigmentfarbe im ganzen Spektrum gleichmäßig herabgesetzt werden.

Aus all diesen Versuchen müßte man nun schließen, daß ein verschwärzlichtes Pigment, auf ein schwarzes Papier gelegt, auch bei natürlichem Lichte, z. B. in unserem Falle bei geöffneten Fensterläden, die Schwärzlichkeit verliert. Die Schwarzverhüllung verschwindet zwar mehr oder weniger, wenn die Fensterläden wieder geschlossen werden und die unnatürliche Beleuchtung mit der Projektionslampe wieder in Tätigkeit gesetzt wird, dagegen nur bis zu einem gewissen Grade, wenn man sich das verschwärzlichte Pigment bei geöffneten Fensterläden zuerst in weißer, dann in schwarzer Umgebung ansieht. Worauf beruht das?

Wir müssen jetzt den wichtigsten Schritt bei unserer Betrachtungsweise machen, indem wir natürliche und unnatürliche Beleuchtung unterscheiden:

Wenn man sich in einem gewöhnlichen Raum befindet, welcher von irgendeiner normalen Lichtquelle beleuchtet wird, so legen wir, ohne daß wir es merken, und ohne daß wir es uns verstandesgemäß klarmachen, diese Beleuchtungsverhältnisse unseren Urteilen unbewußt zugrunde. Wir bemerken unwillkürlich, die Beleuchtung steht hinter unserem Rücken, sie beleuchtet die in der Ecke liegenden Gegenstände schwächer als solche, die sich mitten im Zimmer befinden. Gewisse Gegenstände sind beschattet, andere direkt beleuchtet. Das Licht, das von irgendeinem Gegenstand unser Auge trifft, wird, ohne daß wir uns dessen besonders klar werden, verglichen mit dem Lichte, das von irgendwelchen anderen Gegenständen herkommt. Und dieser vielfache u. U. in die nahe Vergangenheit reichende Vergleich ersetzt uns gewissermaßen den Vergleich mit einer definierten weißen, gleichbeleuchteten Umgebung. Dabei kann es vorkommen, daß der auf seine Schwarzverhüllung hin zu beurteilende Gegenstand infolge direkter Beleuchtung heller ist als ein schwarzfreier Vergleichsgegenstand, der im Schatten liegt.

Also auch die Beschattungsverhältnisse werden unbewußt mit in Rechnung gezogen. Bei der Beurteilung, ob von einer Fläche relativ viel oder wenig Licht in unser Auge trifft, wendet das Auge seine Fähigkeit an, spezifische Helligkeiten zu deuten. Blau wird z. B. an sich relativ dunkel empfunden, so daß diese Farbe ziemlich dunkel sein kann und das Auge dabei trotzdem erkennt, daß viel Licht reflektiert wird.

Nun sieht man auch, warum bei unserer unnatürlichen Beleuchtung mit der Projektionslampe unbedingt zur Erzeugung der Schwarzverhüllung ein weißes oder helles Umfeld vorhanden sein muß. Der Grund dafür liegt darin, daß die Konstellation der Projektionsbeleuchtung eine *unwillkürliche* Beurteilung der Beleuchtungsverhältnisse nicht in vollem Maße zuläßt. Die „zentralen Faktoren" unseres *Sehapparates* (d. h. das Gehirn) sind bei dieser in der Natur sehr selten vorkommenden, also völlig ungewohnten Beleuchtungsart nicht in der Lage, eben diese Beleuchtung voll und ganz zu beurteilen, insbesondere dann, wenn man die Projektionslampe möglichst verdeckt und die beleuchteten Flächen möglichst strukturlos und nicht schattenwerfend anbringt.

Bei natürlicher Beleuchtung ist das weiße Vergleichsobjekt nicht unbedingt notwendig, und da im Durchschnitt hierbei die Summe der Vergleichsmöglichkeiten (bei nicht zu extremen Verhältnissen) immer dieselbe bleibt, so ändert sich die Schwarzverhüllung in diesem natürlichen Falle verhältnismäßig wenig, wenn man den Standort des farbigen Gegenstandes gegenüber seiner Umgebung ändert. Im Gegensatz dazu verliert jede verschwärzlichte Farbe, ja sogar ein Stück schwarzes Papier, sofort die Schwarzverhüllung, wenn man die *Beurteilungsmöglichkeit der Beleuchtungsverhältnisse und jegliche Vergleichsmöglichkeit ausschaltet.* Das kann dadurch geschehen, daß man sich die Farbfläche durch ein „Ostwaldsches Rohr" betrachtet, welches in Abb. 10 abgebildet ist. Selbst schwarzes Papier erscheint hierbei weiß.

Abb. 10. Das *Ostwald*sche Rohr. A = Auge; P = Pigment

Das Rohr ist innen geschwärzt.

Wir stellen also zusammenfassend den folgenden Satz auf: Nach unbewußter Beurteilung der gesamten umgebenden Beleuchtungsverhältnisse bemerkt der Sehapparat (Auge und Gehirn), daß die Körperfarbe in einem ganz bestimmten Verhältnis zu irgendwelchen anderen Körperfarben wenig Licht entsendet. Er empfindet diesen Umstand als eine im großen und ganzen konstante Schwarzverhüllung. Die Verschwärzlichung wird nur dann variabel, wenn die Beurteilung der Beleuchtung unsicher wird, bzw. die Beleuchtung einen extremen Charakter annimmt, sie also z. B. sehr stark oder bei stärkerer Beschattung sehr schwach ist. Die „Beurteilung" und das „Bemerken" geschehen im großen und ganzen unbewußt.

Wir haben schon gesagt, daß das physikalische Korrelat zu diesem psychologischen Effekt der Schwarzverhüllung darin zu suchen ist, daß verschwärzlichte Pigmente (Abb. 11, b_s) im Verhältnis zu ihren gesättigten (Abb. 11, *b*) im ganzen Spektralbereich im gleichen Maße weniger remittieren (vgl. Abb. 6, *RS*). Die Schwarzverhüllung kann aber auch dadurch zustande kommen, daß der die Farbe besonders charakterisierende Reflexionsbereich eingeengt wird (ohne daß sich dabei natürlich der Farbton ändert), wie das in Abb. 11 durch b_s' dargestellt ist[1]).

Auch hierdurch wird im Verhältnis zur gesättigten Farbe weniger Licht reflektiert.

Und nunmehr verstehen wir auch, daß ein Pigment, das (im Gedankenversuch) nur einen schmalen Spektralbereich, sagen wir den der Natriumlinie, reflektiert (s. S. 2) bei Beleuchtung mit weißem Licht sehr stark verschwärzlicht, wenn nicht ganz schwarz aussieht. Betrachten wir eine solche Fläche durch das Ostwaldsche Rohr, so erscheint sie als hochgesättigtes Gelb.

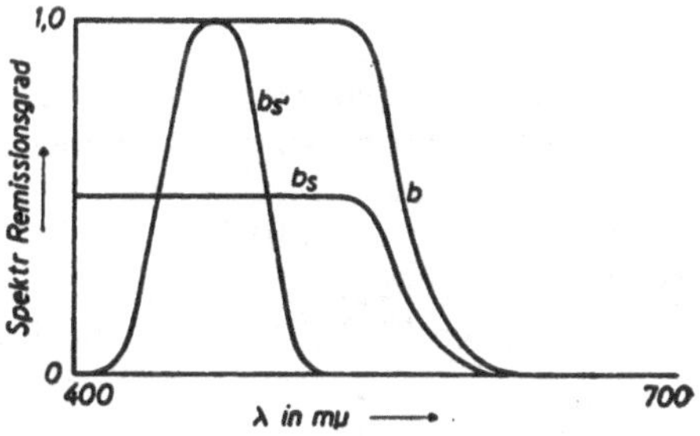

Abb. 11. Physikalisches Korrelat zur Schwarzverhüllung.
b_s = Remissionskurve einer schwarzverhüllten Farbe. Das Schwarz entsteht durch Herabsetzen der Remission der gesättigten Farbe *b*. b_s' = Remissionskurve einer verschwärzlichten Farbe, wie sie durch Einengung des Spektrums entsteht

In Abschnitt 2 „Schwarzverhüllung" spielen, wie wir gesehen haben, psychologische Momente eine wichtige Rolle. Trotzdem brachten wir diese Erscheinung im Rahmen unserer physikalischen Betrachtungen, weil wir schließlich das physikalische Korrelat der Schwarzverhüllung ableiten wollten.

Die Verhältnisse finden bei der Kinoprojektion eine gewisse Anwendung, als die Farben eines Filmbildes, wenn es gegen den Himmel in der Durchsicht betrachtet wird, insgesamt eine *allgemeine* ziemlich starke Schwarzverhüllung aufweisen. Diese verschwindet indessen weitgehend bei der Projektion, da wir die Farben jetzt in dunkler Umgebung betrachten. Dagegen bleibt die auch im photographierten Original vorhandene Schwarzverhüllung (z. B. eines braunen Kleides) bei der Projektion erhalten, weil diese Schwarzverhüllung nach den umgebenden Gegenständen, die im Bilde vorhanden sind, beurteilt wird.

3. Helligkeit der Farben

Ein äquienergetisches Spektrum besitzt eine gewisse spektrale Helligkeitsverteilung. An den Enden ist es bekanntlich dunkler als in der Mitte. Durch stufenweisen Helligkeitsvergleich benachbarter Stellen des Spektrums gelingt es trotz der Schwierigkeiten bei Ausübung der direkten heterochromen Photometrie[2]), diese Helligkeitsverteilung zu bestimmen. Sie ist in Ab-

[1]) Gleichzeitig wird durch das Einengen der Weißgehalt verringert.

[2]) *Heterochrome Photometrie* ist die Photometrie verschiedenfarbiger Lichter. Bei der direkten heterochromen Photometrie vergleicht man die Helligkeiten *direkt*, also nicht über mehrere Stufen hinweg (vergl. S. 37 ff.).

bildung 12 dargestellt, Kurve V_λ (Helladaption). Kurve V'_λ ist die Helligkeitsverteilung bei Dunkeladaption. Sie hat für die Farbenphotographie keine sehr große Bedeutung. Nur für die Messung der Farben ist sie insofern wichtig, weil sie davor warnt, die Messungen nicht bei beginnender Dunkeladaption auszuführen. Wir wollen darauf nicht näher eingehen.

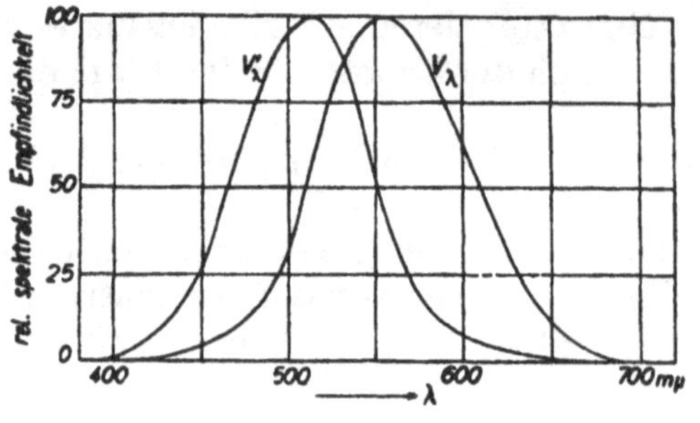

Abb. 12.
Helligkeit eines äquienergetischen Spektrums. V_λ bei Helladaption; V'_λ bei Dunkeladaption

Die Helligkeit der natürlichen Farben richtet sich nun unter anderem nach dieser spektralen Helligkeitsverteilung. Werden im wesentlichen die dunklen Teile des Spektrums reflektiert, so sieht das Pigment dunkel aus (Rot, Blau, Violett), wird das mittlere Spektrum remittiert, so sind die Pigmente hell (Gelb, Gelbgrün).

Schwarzverhüllung macht die Farben dunkler, Weißverhüllung heller.

4. Optimalfarben

Wir denken uns (Abb. 13) ein Pigment, welches nur einen sehr schmalen Bereich des Spektrums völlig remittiert (λ_1 bis λ_2).

Die entstehende Körperfarbe sieht nach dem oben Erörterten in normaler Umgebung stark verschwärzlicht aus, die Buntheit ist weitgehend zurückgetreten und unter Umständen gar nicht zu sehen. Wir erweitern nun den Spektralbereich, aber so, daß der Farbton erhalten bleibt (jetzt λ_3 bis λ_4). Die Farbe wird dadurch heller, sie verliert an Schwarzverhüllung und ihre Buntheit tritt daher hervor. Da die Mischung mehrerer monochromatischer Spektrallichter eine gewisse Weißverhüllung bedingt, wird die Farbe leicht verweißlicht. Wir erweitern den Spektralbereich noch mehr, und zwar so weit, daß die Grenzwellenlängen zu Gegenwellenlängen werden, d. h. solchen, deren Strahlung in einem gewissen Verhältnis gemischt Unbunt ergibt (nunmehr λ_g bis $\lambda_{g'}$). Die so entstehende Farbe hat nun ihre Schwärzlichkeit so gut wie ganz verloren. Da ferner erst eine verhältnismäßig geringe Weißverhüllung aufgetreten ist, so tritt die Buntheit außerordentlich stark hervor.

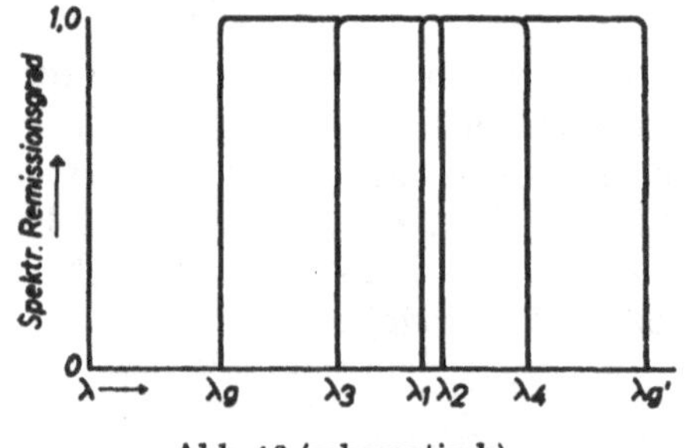

Abb. 13 (schematisch).
Optimalfarben λ_1 bis λ_2; λ_3 bis λ_4 und Vollfarbe λ_g bis λ'_g (λ_g und λ_g' sind Gegenfarben)

Erweitern wir den Bereich noch weiter, so wird die an sich schon in geringem Maße vorhandene Weißverhüllung jetzt bedeutend größer, da ja der hinzukommende Spektralteil in dem schon vorhandenen seine Gegenfarbe findet. Die Buntheit wird durch das Weiß wieder verhüllt, bis endlich nur noch Weiß übrigbleibt, sobald die Erweiterung über das ganze Spektrum erfolgte.

Wir nennen nun die Farbe eines Pigmentes, dessen Durchlässigkeits- bzw. Remissionskurve nur *zwei* Sprungstellen (sprunghafter Übergang von 0 auf 1, bzw. von 1 auf 0 bei ein und derselben Wellenlänge) besitzt, eine *Optimalfarbe* (Luther). Sind die Sprungstellen Gegenfarben, so spricht man, wie wir später (S. 44 f.) sehen werden, von *Vollfarben*. Bei den Optimalfarben müssen wir drei Typen unterscheiden (Abb. 14), die Endfarben (*a*, *a'*), die Mittelfarben (*b*) und die Mittelfehlfarben (*c*)[1]).

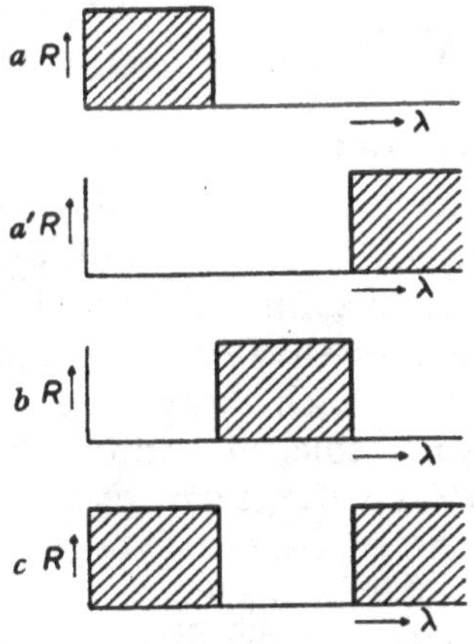

Abb. 14. Die drei Typen der Optimalfarben. *a a'* Endfarben, *b* Mittelfarben, *c* Mittelfehlfarben, *R* spektraler Remissionsgrad

Aus den Überlegungen geht hervor, daß die Vollfarben höchstwahrscheinlich die am wenigsten weiß- und schwarzverhüllten Optimalfarben darstellen, denn die engeren sind schwarzverhüllt, die weiteren weißverhüllt. Wir sagten vorsichtigerweise „höchstwahrscheinlich", denn es ist nicht bewiesen (auch nicht durch Ostwald), daß die Vollfarben auch empfindungsmäßig die buntesten Farben gleichen Farbtones, darstellen. Beim Erweitern des Remissionsspektrums geht die Schwarzverhüllung zwar immer mehr zurück, aber höchstwahrscheinlich bleibt ein kleiner Rest solange erhalten, bis sich das Remissionsspektrum völlig, d. h. bis zum Weiß, geöffnet hat. Das gleiche gilt von dem Verschwinden der Weißverhüllung beim Schließen des Spektrums. Erst wenn es sehr schmal geworden ist, ist so gut wie alles Weiß verschwunden[2]). Bei der Ausdehnung des Spektrums, welche der Vollfarbe entspricht, ist also möglicherweise noch Schwarz sowohl wie Weiß vorhanden. Da nun erfahrungsgemäß z. B. auf einem Farbenkreisel beim Hinzufügen von Weiß zu einer Farbe diese empfindungsgemäß viel stärker verhüllt wird, als es bei der gleichen Menge Schwarz der Fall ist, so besteht die Möglichkeit, daß die Farbe eines Pigmentes, dessen Remissionsspektrum etwas enger oder weiter ist als das der Vollfarbe, noch bunter aussieht als diese. Denn die Veränderung des Weiß- und Schwarzgehaltes kann man zwar reizmetrisch angeben, aber deren Wirkung auf die Empfindung ist noch nicht völlig untersucht. Wir kommen darauf weiter unten noch einmal zurück.

Leider können Optimalfarben nicht durch Pigmente oder Filter realisiert werden, sondern nur mit Hilfe des Spektralapparates (s. später); sie besitzen aber für die Farbmetrik Bedeutung, wie später gezeigt werden soll.

---

[1]) Vorhandene Sprungstellen am Ende des Spektrums rechnen im Falle *c* nicht mit. Vgl. *R. Luther*, Z. f. techn. Phys., 1927, S. 540, im folgenden mit „*Luther*" zitiert.

[2]) Wir sagen: „So gut wie alles Weiß", denn auch Spektralreize sind, wenn auch in geringem Maße, weiß verhüllt. Vergl. *Richter* S. 158.

II. Farbmetrik

A. Farbreizmetrik

a) Grundlagen

Wir hatten früher gezeigt, daß wir grundsätzlich den Farbreiz als Ursache und die Farbempfindung als Wirkung zu unterscheiden haben. Um nun eine Farbe zahlenmäßig zu kennzeichnen, wäre es zweckmäßig, die Empfindung zu messen. Denn man will ja von einer Farbe z. B. wissen, wieviel Buntheit, wieviel Schwarz und wieviel Weiß wir an ihr *empfinden*[1]). Da der Ausarbeitung einer solchen „empfindungsgemäßen Farbmetrik" noch große Schwierigkeiten entgegenstehen, so hat man sich vorläufig mit der sogenannten „Farbreizmetrik" begnügt (vgl. über den Wert der Farbreizmetrik S. 53f.).

Wir bringen, um den Unterschied zwischen den beiden Arten von Meßmethoden deutlich zu machen, folgendes Beispiel[2]):

Es sei beabsichtigt, die Helligkeit eines Farbanstriches zu messen, wenn er mit irgendeiner Lichtquelle beleuchtet wird. *Um messen zu können, muß man sich einen „Maßstab" anfertigen und ihn in geeigneter Weise an das zu Messende „anlegen"*. Zu diesem Zweck beleuchten wir eine Reihe von „weißen" Magnesiumoxydschichten mit 0, 1, 2, 3 usw. unbunten Einheitslichtquellen aus konstanter Entfernung. Die einzelnen Felder bezeichnen wir mit 0, 1, 2, 3 usw. Wir „legen" nun den so entstehenden Maßstab „an", indem wir einmal Übereinstimmung in der Helligkeit zwischen Schwarz und dem Nullpunkt des Maßstabes feststellen (eine Manipulation, die aus gewissem Grunde sich hier erübrigt), andererseits suchen wir auf dem Maßstabe dasjenige Feld, welches mit der zu untersuchenden farbigen Fläche (bei Beleuchtung mit der für sie bestimmten Lichtquelle) „gleiche Helligkeit besitzt"; in beiden Fällen bedienen wir uns des Gesichtssinnes, spezieller des „Helligkeitssinnes", was nach einiger Übung mit guter Reproduzierbarkeit trotz der Schwierigkeit bei dieser „*heterochromen Photometrie*" gelingen möge[3]).

[1]) Die präzise Frage, ob man Empfindungen überhaupt messen könne, ist sehr umstritten. Es müssen hierbei eine große Reihe psychologischer, ja philosophischer Momente beachtet werden, auf die wir in dieser Arbeit nicht näher eingehen wollen. Was wir unter Messung einer Empfindung verstehen, geht aus dem Folgenden hervor.

[2]) Dieses Beispiel, welches der Photometrie (nicht der Farbenlehre an sich) entnommen wurde, wird wohl kaum angewandt. Es soll nur erläutern.

[3]) Die heterochrome Photometrie ist an sich möglich. Wir gehen auf die Methoden und ihre tiefere Bedeutung nicht ein (vgl. *E. Schrödinger*, Ann. d. Physik 63, 397, 427, ... 1920). Daß die heterochrome Photometrie große Unsicherheiten beim Anlegen des Maßstabes in sich birgt, ändert an obigem Grundprinzip nichts.

Es sei darauf aufmerksam gemacht, daß man sich beim *Anlegen* von Maßstäben grundsätzlich *der Sinne* bedienen muß. Zum Beispiel beim Anlegen eines Längenmaßstabes des Gesichts- bzw. Tastsinnes, bei einer Wärmemessung u. U. primitiverweise des Temperatursinnes oder in übertragenem Sinne des Gesichtssinnes bei der Längenbestimmung des Thermometerfadens. In unserem Falle bei der Photometrie und, wie wir sehen werden auch bei der Farbmetrik bedienen wir uns desjenigen Sinnes zum Anlegen, welcher uns die gleiche Empfindungsart vermittelt, die wir messen wollen, d. h. die Helligkeit bzw. die Farbempfindung. Wir sahen aber, daß z. B. bei der Temperaturmessung und vielen anderen Meßmethoden das nicht der Fall zu sein braucht. Man „objektiviert" die Meßmethoden. Aber irgendwie, meist sehr versteckt, muß man einen oder mehrere Sinne in Tätigkeit setzen. Die auf dem Maßstabe an dem festgestellten Punkte abgelesene Zahl gibt uns die gesuchte Helligkeit[1]).

Es muß nun beachtet werden, daß der erwähnte rein *physikalisch* aufgebaute Maßstab *nicht* den Eindruck erweckt, als ob zwischen den einzelnen Feldern auch *empfindungsgemäß* gleich große Abstände in bezug auf die Helligkeit vorhanden sind. Infolgedessen gibt die mit diesem Maßstab ermittelte Helligkeit des farbigen Anstriches auch nicht denjenigen Helligkeitsunterschied zum schwarzen Felde an, welcher der Empfindung entspricht. Man muß also, um rein psychologische Messungen anstellen zu können, einen anderen Maßstab aufbauen, bei dem die Meßflächen so aufeinanderfolgen, daß die Helligkeits*empfindung* von einem Feld zum anderen um den gleichen Betrag ansteigt. Hierbei reiht man im Gegensatz zum vorigen Fall die Lichtquellen nicht nach physikalischen, sondern nach empfindungsgemäßen Gesichtspunkten aneinander. Eine solche Reihe möge durch 0; 0,25; 0,5; 1; 2; 4; 8- 16 usw. Einheitslichtquellen aufgebaut sein. Es sei dahingestellt, ob diese Reihe wirklich empfindungsgemäß gleichabständig ist, wir wollen es aber annehmen. Die einzelnen Felder numeriert man, mit 0 beginnend, in arithmetischer Reihe durch, also 0 1 2 3 4 ..., so daß also der Helligkeitsunterschied der Felder 0—1 als Empfindungseinheit willkürlich festgelegt wird. Wir machen noch einmal darauf aufmerksam, daß wir physikalische Gesichtspunkte völlig aus dem Spiel ließen. Legen wir diesen Maßstab in ganz gleicher Weise wie oben an die zu messende Farbfläche an, d. h. suchen wir *wieder mit Hilfe des Helligkeitssinnes* die gleich helle Stelle der Skala, so bedeutet die daneben geschriebene Zahl, wieviel mal heller unser Prüfling gegenüber dem Empfindungsunterschied der Felder 0—1, d. h. der willkürlich festgelegten Empfindungseinheit *empfunden* wird[2]).

---

[1]) Da die moderne Physik bestrebt ist, sich von unsicheren Sinnesempfindungen so weit wie möglich freizumachen, ist sie u. U. geneigt, die Photometrie nicht mit zur Physik zu rechnen.

[2]) Es ist hierbei immer vorausgesetzt, daß eine psychologische Skala tatsächlich herstellbar ist. Dazu gehört nicht allein die Möglichkeit des Aneinanderreihens von gleichen Empfindungsstufen, sondern auch, daß die Gleichstufigkeit gewahrt bleibt, wenn man gewisse Stufen (etwa jede geradzahlige) herausnimmt, ja daß überhaupt

Man kann also mit zwei grundverschiedenen Maßstäben messen. Im zweiten Falle messen wir Empfindungsunterschiede. Im ersten Falle dagegen messen wir nicht empfindungsgemäß, sondern mit einem nach physikalischen Gesichtspunkten aufgebauten Maßstabe. Das Anlegen des Maßstabes gehört in beiden Fällen dem Gebiet der Psychologie an. Vgl. aber S. 23 ob.

Unsere an einem Beispiel der Photometrie erörterten Methoden mit mathematisch aufgebautem Maßstabe übertragen wir nun auf die Farbmetrik oder, wie wir jetzt sagen können, auf die „*Farbreizmetrik*":

Wir hatten S. 11 gesagt, daß man auf Grund der Grassmannschen Gesetze allen gleich aussehenden Farbreizen eine Farbreizvalenz zuordnen kann. Diese Farbreizvalenz kann ihrer Natur nach jeweils durch *drei* Maßzahlen notwendig und hinreichend beschrieben werden. Man kann hierzu z. B. die „Mengen" dreier sich aus den Grassmannschen Gesetzen herleitender monochromatischer Lichter („*Eichreize*") in irgend welchen Einheiten wählen. *Hierbei muß die Farbe des zu untersuchenden Farbreizes die gleiche sein wie diejenige der additiven Mischung unserer drei Eichreizmengen* (Gleichheitsurteil). Wählt man die drei Eichreize über das Spektrum günstig verteilt, so kann man fast alle Farbreizvalenzen mit ihrer Hilfe messen.

Wie hängt nun diese Art der Maßzahlenbestimmung mit unserer obigen Meßmethode der physikalisch aufgebauten Maßstäbe zusammen?

Man stellt sich von den drei monochromatischen Eichreizen (sagen wir monochromatisches Rot, Grün, Blau) je eine Reihe von 0, 1, 2, 3 ... je gleichen farbigen Lichtquellen her. Die Einheiten, d. h. die Intensität 1 der Lichtquellen wird vorläufig beliebig gewählt. Nunmehr beleuchten wir aus gleichen Abständen eine weiße Fläche mit je einem Gliede dieser Lichtquellenreihe (z. B. mit 1mal Rot, 3mal Grün und 5mal Blau), so daß bei dieser additiven Mischung die resultierende Farbe mit derjenigen übereinstimmt, welche entsteht, wenn man die zu untersuchende farbige Fläche mit einer „weißen" Lichtquelle aus gewisser Entfernung bestrahlt. Die Zahlen (1. 3. 5) sind dann die Maßzahlen der Farbreizvalenz unseres Farbreizes. Gemessen wurde also mit *drei*, und zwar physikalisch aufgebauten Maß-„Stäben" oder besser gesagt mit einem Maß-„Raume". Dieser Maß-Raum wird unter Befragung des Farbsinnes „angelegt", indem man sich das „Gleichheitsurteil" dieses Sinnes verschafft. Grundsätzlich messen wir auch hier nicht mit Maßräumen, welche nach empfindungsgemäßen Gesichtspunkten aufgebaut sind und damit keine Empfindungsunterschiede[1]), sondern

---

der „gemessene" empfindungsgemäße Helligkeits-Unterschied auch erhalten bleibt, wenn man den Maßstab entfernt. Für die Praxis ist ferner zu fordern, daß der Maßstab bei Variation der Beleuchtungsstärke, des Hintergrundes u. a. empfindungsgemäß konstant bleibt. Diese letzte Forderung ist, wie man weiß, bei extremer Variation nicht erfüllt. Man ist daher gezwungen, die „Umwelt" usw. der Maßstäbe zu normen und nur unter diesen Umständen zu messen. Dazu kommen noch gewisse andere Eindeutigkeitskriterien, auf die wir in dieser Arbeit nicht eingehen wollen (vgl. *I. Rosemann*, Z. f. techn. Physik XX, 198, 1939) u. a. m.

[1]) Es sei in dieser Hinsicht auf S. 39 verwiesen, wonach die angeführte Methode der Farbreizmetrik noch aus einem zweiten Grunde u. U. keine empfindungsgemäßen Zahlen hergibt.

dern mit physikalischen Maßräumen. Die *Farbreizmetrik* will auch keine Empfindungsunterschiede messen, sie *hat nur das Ziel, den Farbreizvalenzen feste Zahlen zuzuordnen, an denen man sie jederzeit wiedererkennen und sie reproduzieren kann:* man nennt ein *System*, in dem man die Farbreizvalenz mit Hilfe dreier Eichreize ausdrückt, ein *trichromatisches*.

Das vorliegende Beispiel ist durchsichtig. Bei anderen Methoden der Farbreizmetrik liegen die Verhältnisse etwas komplizierter, grundsätzlich aber ebenso.

b) Geometrische Darstellung der drei Maßzahlen und deren Berechnung

Man hat sich nun bemüht, eine möglichst anschauliche geometrische Darstellungsweise der trichromatischen Farbmaßzahlen aufzubauen. Am naheliegendsten ist, da es sich um drei Zahlen handelt, die räumliche. Jeder Farbreizvalenz wird ein Punkt im dreidimensionalen Raume zugeordnet. Es hat sich dabei als zweckmäßig erwiesen, die Raumpunktbestimmung als *Addition* dreier Grundvektoren $R\,G\,B$ aufzufassen (vgl. Abb. 15).

Der Einfachheit halber stehen die Achsen bzw. die Einheitsvektoren RGB, welche die drei Eichreize darstellen, senkrecht aufeinander. Wir wählen die Einheitsvektoren vorerst gleich groß. Die Mengen der Eichreize, die der Farbreizvalenz F zukommen, sind die Größen $\bar{r}R$; $\bar{g}G$; $\bar{b}B$. Im Falle, daß $R = G = B = 1$ angenommen wird, werden diese Werte $\bar{r}$, $\bar{g}$, $\bar{b}$. *Wir wollen diese Größen immer mit überstrichenen Buchstaben bezeichnen.* Es entsteht der Raumpunkt F als Endpunkt des Vektors OF. O, der Koordinatenanfangspunkt, bedeutet die Farbreizvalenz „Schwarz". Natürlich hätte die Darstellung auch schiefwinklig und mit ungleichen Einheitsvektoren gewählt werden können, was sich für gewisse Zwecke, die wir noch kennenlernen werden, als zweckmäßig erwiesen hat. Den Raum zwischen den Koordinaten nennt man den Farbenraum.

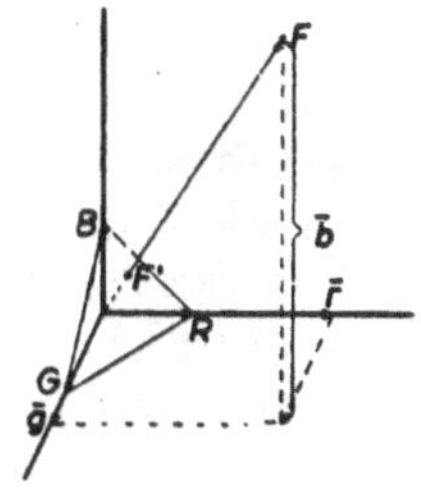

Abb. 15. Darstellung der Farbreizvalenzen durch Vektoren (Farbenraum)

Die zweite Darstellungsweise, und zwar diejenige mit Hilfe der „Newtonschen Schwerpunktskonstruktion", ist der ersten gleichwertig und leitet sich aus ihr leicht ab. Wir denken uns die Punkte R, G und B (d. h. die Endpunkte der Einheitsvektoren) zu einem gleichseitigen Dreieck verbunden, welches von dem Vektor OF in F' durchstoßen wird. (Um es des Verständnisses halber vorwegzunehmen: Das Dreieck $R\,G\,B$ ist das bekannte „Farbdreieck" und der Punkt F' ist der Dreiecksort der vorgegebenen Farbreizvalenz.)

Es läßt sich leicht beweisen, daß man den Punkt F' als Schwerpunkt erhält, wenn man in den Ecken des Dreiecks parallele und gleichgerichtete (senkrecht zur Dreiecksebene stehende) Kräfte angreifen läßt, welche den Vektoren $\bar{r}$, $\bar{g}$ und $\bar{b}$ proportional sind (die Grundvektoren $R\,G\,B$ setzen wir $= 1$). Ohne Erklärung wird das durch die Abb. 16 in zweidimensionaler Darstellung erläutert.

Das gleichseitige Dreieck RGB der Abb. 15 zeichnen wir uns in Abb. 17 in die Papierebene.

Ein Punkt F' (er soll vorübergehend beliebig sein und vorläufig nicht der Durchstoßpunkt des Vektors OF aus Abb. 15) läßt sich dann durch die sogenannten Dreieckskoordinaten festlegen. Im Grunde sind diese, wie aus

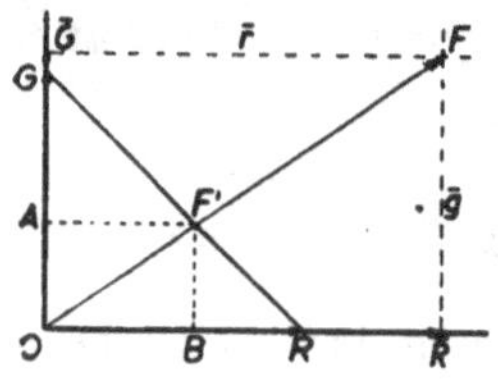

Abb. 16. Übergang von der Vektordarstellung der Farbreizvalenzen zur Hebel-Gleichgewichtsdarstellung (Erläuterung in der Ebene). Aus der Ähnlichkeit der gleichschenkligen Dreiecke AGF' und $BF'R$ und der Parallelität von BF' und $\overline{R}F$, ferner von AF' und $\overline{G}F$ folgt, daß sich $GF' : RF' = F'A : F'B = \bar{\mathfrak{r}} : \bar{\mathfrak{g}}$ verhalten. Also würde der Hebel $GF'R$ im Gleichgewicht sein, wenn man in F' unterstützt und an G und R Gewichte $\bar{\mathfrak{g}}$ und $\bar{\mathfrak{r}}$ anhängt. Entsprechendes gilt für die räumliche Darstellung

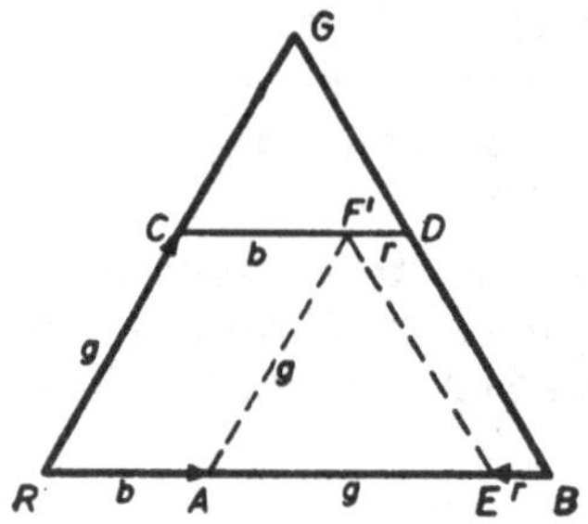

Abb. 17. Die Dreieckskoordinaten

Abb. 17 leicht ersichtlich, nichts anderes als die Koordinaten im schiefwinkligen Koordinatensystem mit dem 0-Punkt etwa in R und den Achsen RB und RG, wobei die Strecken RB und RG die Einheiten der Koordinaten darstellen. Abszisse und Ordinate von F' nennen wir $\mathfrak{b}$ und $\mathfrak{g}$.

In dem eben skizzierten Sinne finden wir aber noch eine dritte Koordinate $\mathfrak{r}$, nämlich die Strecken BE oder DF'. In diesem Falle könnte man $\mathfrak{r}$ und $\mathfrak{g}$ als schiefwinklige Koordinaten für F' auffassen.

Nun besteht zwischen diesen drei Koordinaten, die wir im Gegensatz zu den räumlichen Koordinaten $\bar{\mathfrak{r}}\bar{\mathfrak{g}}\bar{\mathfrak{b}}$ *ohne den Überstrich kennzeichnen* (s. S. 25 und Abb. 15) wollen, die einfache Beziehung:

$$\mathfrak{r} + \mathfrak{g} + \mathfrak{b} = RB = 1,$$

denn $AE = \mathfrak{g}$, weil $AF'E$ ein gleichseitiges Dreieck ist.

Da also eine der Dreieckskoordinaten durch die anderen beiden bestimmt ist, kann man sich mit der Angabe von zwei Koordinaten begnügen.

Der Einfachheit halber bedient man sich neuerdings nicht mehr des gleichseitigen, sondern des gleichschenklig-rechtwinkligen Dreiecks und hat damit den Vorteil rechtwinkliger Koordinaten.

Abb. 18 stellt ein solches System dar, wobei wir aus Zweckmäßigkeitsgründen den B-Punkt als Nullpunkt des Koordinatensystems wählen und $\mathfrak{r}$ in der Richtung der Abszisse, $\mathfrak{g}$ in Richtung der Ordinate messen.

Es gilt hier ebenso: $\mathfrak{r} + \mathfrak{g} + \mathfrak{b} = BR = BG = 1$. Die Katheten werden also zu Einheitsseiten ernannt.

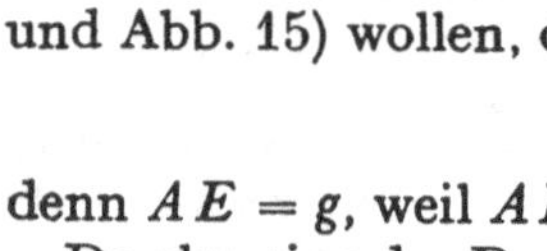

Abb. 18. Dreieckskoordinaten in einem rechtwinklig-gleichseitigen Dreieck. Der Farbort wird wie in einem normalen rechtwinkligen Koordinatensystem dargestellt

Wir kehren zu unserer räumlichen Darstellung von Abb. 15 bzw. zu dem daraus abgeleiteten Dreiecksgleichgewichtssystem zurück. Wir wollen jetzt beweisen, daß die Dreieckskoordinaten r, g, b des Durchstoßpunktes F' folgender Beziehung gehorchen

$$\mathfrak{r} : \mathfrak{g} : \mathfrak{b} = r : g : b,$$

wobei $\mathfrak{r}\,\mathfrak{g}\,\mathfrak{b}$ in der räumlichen Darstellung die Vektoren in Achsenrichtung bzw. die Koordinaten des Raumpunktes F und in der Gleichgewichtsdarstellung die Gewichte darstellen, welche wir an die Ecken $R\,G\,B$ anzuhängen haben, damit bei Unterstützung im Punkt F' Gleichgewicht herrscht. Farbmetrisch bedeutet das: *Die Dreieckskoordinaten r, g, b des Durchstoßpunktes F' sind den trichromatischen Maßzahlen ($\mathfrak{r}\,\mathfrak{g}\,\mathfrak{b}$) der Farbreizvalenz F proportional.*

Voraussetzung: Wenn nach dem Satz von S. 25 an die Dreiecksecken die räumlichen Koordinaten $\mathfrak{r}\,\mathfrak{g}\,\mathfrak{b}$ als Gewichte gehängt werden, so ist das Dreieck bei Unterstützung in F', dem Durchstoßungspunkt des Vektors OF', im Gleichgewicht. $r g b$ sind die Dreieckskoordinaten von F'.

Behauptung: $\mathfrak{r} : \mathfrak{g} : \mathfrak{b} = r : g : b$ und weiter

$$r = \frac{\mathfrak{r}}{\mathfrak{r} + \mathfrak{g} + \mathfrak{b}}, \qquad g = \frac{\mathfrak{g}}{\mathfrak{r} + \mathfrak{g} + \mathfrak{b}}, \qquad b = \frac{\mathfrak{b}}{\mathfrak{r} + \mathfrak{g} + \mathfrak{b}}.$$

Beweis: (Abb. 19).

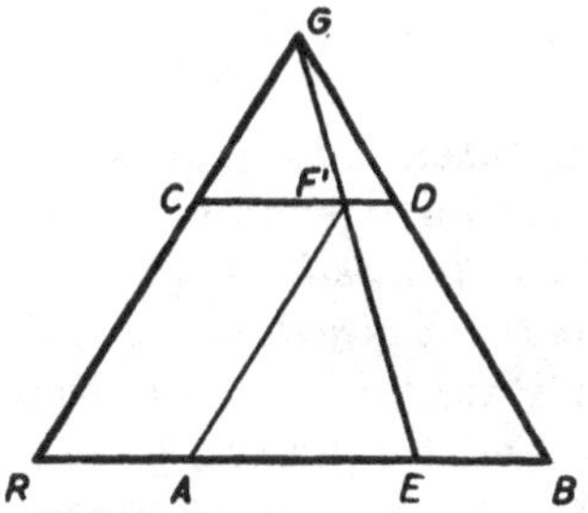

Abb. 19.
Figur für die Ableitung

Um den Schwerpunkt des Dreieckssystems mit angehängten Gewichten zu finden, suchen wir zuerst mit Hilfe der Beziehung

$$RE \cdot \mathfrak{r} = BE \cdot \mathfrak{b} \tag{1}$$

den Unterstützungspunkt E des Hebels REB mit den Gewichten $\mathfrak{r}$ und $\mathfrak{b}$ in R und B. Auf E drückt das Gewicht $(\mathfrak{r} + \mathfrak{b})$. Der Schwerpunkt F' liegt nun auf dem Hebel $EF'G$ mit den Gewichten $(\mathfrak{r} + \mathfrak{b})$ in E und $\mathfrak{g}$ in G.

Der Punkt F' ergibt sich also aus der Beziehung:

$$EF' \cdot (\mathfrak{r} + \mathfrak{b}) = F'G \cdot \mathfrak{g}.$$

Wie wir aus Abb. 17 lernten, ist

$$F'C = b \quad \text{und} \quad F'D = r. \tag{2}$$

Das heißt, wir haben in $F'C$ und $F'D$ zwei der Dreieckskoordinaten. Da $CD \parallel RB$, folgt leicht:

$$\frac{ER}{EB} = \frac{F'C}{F'D} = \frac{b}{r},$$

also aus (1) und (2) weiter:

$$\frac{\bar{b}}{\bar{r}} = \frac{b}{r}.$$

Eine entsprechende Ableitung ergibt aus Symmetriegründen

$$\frac{\bar{g}}{\bar{b}} = \frac{g}{b} \quad \text{und} \quad \frac{\bar{r}}{\bar{g}} = \frac{r}{g},$$

das besagt aber dasselbe wie die erste Behauptung.

$$\bar{r} : \bar{g} : \bar{b} = r : g : b. \tag{3}$$

Ferner läßt sich nach bekanntem Satz der Proportionsrechnung (3) umformen in

$$\frac{\bar{r}}{\bar{r} + \bar{g} + \bar{b}} = \frac{r}{r + g + b}$$

oder da

$$r + g + b = 1,$$

$$\frac{\bar{r}}{\bar{r} + \bar{g} + \bar{b}} = r$$

und entsprechend

$$\frac{\bar{g}}{\bar{r} + \bar{g} + \bar{b}} = g, \quad \frac{\bar{b}}{\bar{r} + \bar{g} + \bar{b}} = b. \quad q.e.d.$$

Wir haben diesen elementaren Beweis ausführlicher gebracht, weil Betrachtungen dieser Art in der Farbgeometrie sehr häufig vorkommen.

r, g, b nennen wir die Eichreizanteile, $\bar{r}$, $\bar{g}$, $\bar{b}$ die Eichreizbeträge und $\bar{r} + \bar{g} + \bar{b}$ die Reizsumme oder das Farbreizvalenzgewicht. Es ist gewissermaßen das Gewicht, welches auf den Punkt F' drückt, wenn man an die Ecken des Dreiecks die Gewichte $\bar{r}$, $\bar{g}$ und $\bar{b}$ anhängt.

Der Dreieckspunkt F' mit den Eichreizanteilen r, g, b repräsentiert demnach alle Farbreizvalenzen, deren Eichreizbeträge $\bar{r}$, $\bar{g}$, $\bar{b}$ im gleichen Verhältnis stehen. Alle diese Farbreizvalenzen unterscheiden sich nur durch ihr *Farbreizvalenzgewicht* ($\bar{r} + \bar{g} + \bar{b}$) oder auch durch ihre Helligkeit, worauf wir noch genauer eingehen. Der Dreieckspunkt repräsentiert, wie man sagt, die *Farbreizvalenzen gleicher Reizart.* Mit diesen Größen kann man nun folgende Rechnungen ausführen:

1. Unter einer *Farbgleichung*

$$F = \bar{r}R + \bar{g}G + \bar{b}B$$

versteht man eine Vektoradditionsgleichung und meint damit, daß eine Farbreizvalenz mit dem Symbol F vorliegt, wenn man

$\bar{r}$ Beträge des Eichreizes R,
$\bar{g}$ Beträge des Eichreizes G,
$\bar{b}$ Beträge des Eichreizes B

additiv miteinander mischt. Aus der Definition der Farbreizvalenz geht hervor, daß diese Farbgleichung selbstverständlich auch für die anderen Farbreize mit „bedingt" oder „unbedingt" gleicher Farbreizvalenz gilt (vgl. S. 12).

2. Zwei Farbreize mit den Farbreizvalenzen $F_1\,(\mathfrak{r}_1, \mathfrak{g}_1, \mathfrak{b}_1)$ und $F_2\,(\mathfrak{r}_2, \mathfrak{g}_2, \mathfrak{b}_2)$, denen also die Farbgleichungen

$$\begin{aligned} F_1 &= \mathfrak{r}_1 R + \mathfrak{g}_1 G + \mathfrak{b}_1 B \\ F_2 &= \mathfrak{r}_2 R + \mathfrak{g}_2 G + \mathfrak{b}_2 B \end{aligned} \tag{1}$$

zukommen, sollen additiv miteinander gemischt werden. Es wird nach der Farbreizvalenz dieser Mischung $F_3\,(\mathfrak{r}_3, \mathfrak{g}_3, \mathfrak{b}_3)$ gefragt.

Aus dem 1. Grassmanschen Gesetze, nach welchem wir bei der additiven Mischung unsere Farbreize ersetzen dürfen durch die speziellen aus Gleichung (1) sich ergebenden, folgt als Farbengleichung der additiven Mischung

$$F_3 = (\mathfrak{r}_1 + \mathfrak{r}_2)\,R + (\mathfrak{g}_1 + \mathfrak{g}_2)\,G + (\mathfrak{b}_1 + \mathfrak{b}_2)\,B. \tag{2}$$

Daraus ergibt sich aber aus geometrischen Gründen, daß wir die additive Mischung F_3 als Addition der Vektoren F_1 und F_2 im Farbraum auffassen können. Die Ebene des Additionsparallelogrammes schneidet das Farbendreieck, wie sich auch ohne Abbildung (entspr. Abb. 15) einsehen läßt, in einer Geraden $F_1'F_2'$, so daß im Farbendreieck F_3', d. h. der Farbort von F_3 auf der Verbindungslinie von F_1' und F_2' liegt.

Dabei gilt nach dem Hebelgesetz:

$$\frac{F_1'F_3'}{F_2'F_3'} = \frac{\mathfrak{r}_2 + \mathfrak{g}_2 + \mathfrak{b}_2}{\mathfrak{r}_1 + \mathfrak{g}_1 + \mathfrak{b}_1},$$

woraus sich F_3' geometrisch im Dreieck auf $F_1'\,F_2'$ ermitteln läßt.

Es muß betont werden, daß die *Länge* des Vektors OF allgemein *nicht gleich* (bzw. proportional) dem Farbreizvalenzgewicht $\mathfrak{r} + \mathfrak{g} + \mathfrak{b}$ ist.

Die Aufgabe 2 läßt sich leicht auf die additive Mischung *dreier* Farbreize F_1', F_2' und F_3' erweitern. Man übersieht, daß der Farbort F_4' des resultierenden Farbreizes F_4 innerhalb des Dreiecks $F_1'F_2'F_3'$ liegt. der durch die Farborte der drei zu mischenden Farbreize gebildet wird. Das so entstehende Dreieck kann als Farbdreieck aufgefaßt werden. Es steht im Gleichgewicht, wenn man an die Ecken $F_1'F_2'F_3'$ die Farbreizvalenzgewichte von F_1, F_2 und F_3 anhängt und in F_4' unterstützt.

3. Aus 2. leitet sich folgende oft vorkommende Aufgabe ab: Gegeben sind im Farbendreieck die auf einer Geraden liegenden Farborte dreier Farbreizvalenzen $F_1'F_3'F_2'$. Gefragt wird nach den Eichreizbeträgen der Farbreizvalenzen F_1 und F_2, wenn die Farbreizvalenz F_3 der additiven Mischung gegeben ist.

Gegeben also: die Eichreizanteile von F_1 und F_2

$$r_1 g_1 b_1 \quad r_2 g_2 b_2 \quad (\text{Farborte von } F_1' \text{ und } F_2')$$

und die Eichreizbeträge von F_3

$$\mathfrak{r}_3 \mathfrak{g}_3 \mathfrak{b}_3 \quad (\text{Farbort von } F_3).$$

Gesucht $\bar{r}_1 \bar{g}_1 \bar{b}_1$, $\bar{r}_2 \bar{g}_2 \bar{b}_2$ die Eichreizbeträge der Farbreizvalenzen F_1 und F_2.

Ansatz: Nach der Hebelbeziehung gilt:

$$\frac{F_2F_3}{F_1F_3} = \frac{\bar{r}_1 + \bar{g}_1 + \bar{b}_1}{\bar{r}_2 + \bar{g}_2 + \bar{b}_2} \qquad \text{I}$$

$$\frac{F_2F_3}{F_1F_3} = \frac{r_2 - r_3}{r_3 - r_1} = \frac{g_2 - g_3}{g_3 - g_1} = \frac{b_2 - b_3}{b_3 - b_1}.$$

Auf der rechten Seite der zweiten Gleichung steht eine aus dem Farbendreieck leicht ableitbare geometrische Beziehung, welche die Bedingung ausdrückt, daß die Farborte von F_1, F_3 und F_2 auf einer Geraden liegen.

Nach S. 27 gilt ferner:

$$\bar{r}_1 : \bar{g}_1 : \bar{b}_1 = r_1 : g_1 : b_1 \qquad \text{II und III}$$

$$\bar{r}_2 : \bar{g}_2 : \bar{b}_2 = r_2 : g_2 : b_2, \qquad \text{IV und V}$$

und

$$\bar{r}_1 + \bar{g}_1 + \bar{b}_1 + \bar{r}_2 + \bar{g}_2 + \bar{b}_2 = \bar{r}_3 + \bar{g}_3 + \bar{b}_3. \qquad \text{VI}$$

Die Gleichung VI bedeutet, daß die Summe der Farbgewichte von F_1 und F_2 gleich derjenigen von F_3 ist, weil wir F_1 und F_2 zu F_3 additiv mischen.

Aus den Gleichungen I bis VI leiten sich die 6 Unbekannten folgendermaßen ab:

$$\bar{r}_1 = \frac{(\bar{r}_3 + \bar{g}_3 + \bar{b}_3)\, r_1}{1 + \dfrac{g_3 - g_1}{g_2 - g_3}},$$

$$\bar{g}_1 = \frac{(\bar{r}_3 + \bar{g}_3 + \bar{b}_3)\, g_1}{1 + \dfrac{g_3 - g_1}{g_2 - g_3}},$$

$$\bar{b}_1 = \frac{(\bar{r}_3 + \bar{g}_3 + \bar{b}_3)\, b_1}{1 + \dfrac{g_3 - g_1}{g_2 - g_3}}.$$

Statt des Wertes $\dfrac{g_3 - g_1}{g_2 - g_3}$ kann auch $\dfrac{r_3 - r_1}{r_2 - r_3}$ oder $\dfrac{b_3 - b_1}{b_2 - b_3}$ eintreten.

$$\bar{r}_2 = \frac{(\bar{r}_3 + \bar{g}_3 + \bar{b}_3)\, r_2}{1 + \dfrac{g_2 - g_3}{g_3 - g_1}},$$

$$\bar{g}_2 = \frac{(\bar{r}_3 + \bar{g}_3 + \bar{b}_3)\, b_2}{1 + \dfrac{g_2 - g_3}{g_3 - g_1}},$$

$$\bar{b}_2 = \frac{(\bar{r}_3 + \bar{g}_3 + \bar{b}_3)\, b_2}{1 + \dfrac{g_2 - g_3}{g_3 - g_1}}.$$

Statt des Wertes $\dfrac{g_2 - g_3}{g_3 - g_1}$ kann auch $\dfrac{r_2 - r_3}{r_3 - r_1}$ oder $\dfrac{b_2 - b_3}{b_3 - b_1}$ eintreten.

Als häufige Anwendung dieser Aufgabe finden wir die Aufsuchung kompensativer Farbreizvalenzen (vgl. Fußnote[1)] S. 9). Kompensative Farbreizvalenzen liegen auf einer Geraden durch den Unbuntpunkt des Farbdreiecks. Ist z. B. F_3 der Unbuntpunkt mit den Anteilen $\mathfrak{r}_3 = \mathfrak{g}_3 = \mathfrak{b}_3 = \frac{1}{3}$ mit den gegebenen Beträgen $\bar{\mathfrak{r}}_3 = \bar{\mathfrak{g}}_3 = \bar{\mathfrak{b}}_3$, d. h. derjenige Punkt des Dreieckes, in welchem Weiß Grau und Schwarz dargestellt wird, so finden wir in $\bar{\mathfrak{r}}_1 \bar{\mathfrak{g}}_1 \bar{\mathfrak{b}}_1$ und $\bar{\mathfrak{r}}_2 \bar{\mathfrak{g}}_2 \bar{\mathfrak{b}}_2$ die Maßzahlen für zwei kompensative Farbreizvalenzen F_1 und F_2.

4. Es besteht oft die Aufgabe, von den Eichreizen RGB zu anderen $R'G'B'$ überzugehen, d. h. zu einem anderen System, bei welchem $R'G'B'$ die neuen Eichreize darstellen. Es wird gefragt, wie eine Farbreizvalenz $F = \bar{\mathfrak{r}} R + \bar{\mathfrak{g}} G + \bar{\mathfrak{b}} B$ im neuen System anzusetzen ist. D. h. es wird für die Farbgleichung

$$F = \bar{\varrho}\, R' + \bar{\gamma} G' + \bar{\beta} B'$$

gefragt nach $\bar{\varrho}\ \bar{\gamma}, \bar{\beta}$.

Man macht zu diesem Zwecke folgenden Ansatz:

$$\begin{aligned} R' &= \bar{\mathfrak{r}}_r R + \bar{\mathfrak{g}}_r G + \bar{\mathfrak{b}}_r B \\ G' &= \bar{\mathfrak{r}}_g R + \bar{\mathfrak{g}}_g G + \bar{\mathfrak{b}}_g B \\ B' &= \bar{\mathfrak{r}}_b R + \bar{\mathfrak{g}}_b G + \bar{\mathfrak{b}}_b B\,. \end{aligned} \tag{1}$$

d. h. man drückt die neuen Eichfarbreizvalenzen $(R'G'B')$ im alten System aus. Fassen wir diese drei Gleichungen als solche mit den Unbekannten RGB auf, so lassen sich aus ihnen folgende drei ableiten:

$$\begin{aligned} R &= \bar{\varrho}_r R' + \bar{\gamma}_r G' + \bar{\beta}_r B' \\ G &= \bar{\varrho}_g R' + \bar{\gamma}_g G' + \bar{\beta}_g B' \\ B &= \bar{\varrho}_b R' + \bar{\gamma}_b G' + \bar{\beta}_b B', \end{aligned} \tag{2}$$

wobei sich die $\bar{\varrho}\,\bar{\gamma}\,\bar{\beta}$ als Funktionen der Koeffizienten der Gleichung (1) ausrechnen lassen.

Ist nun eine Farbreizvalenz F im alten System RGB als

$$F = \bar{\mathfrak{r}} R + \bar{\mathfrak{g}} G + \bar{\mathfrak{b}} B \tag{3}$$

gegeben, so erhalten wir die Farbreizvalenz F im System $R'G'B'$, wenn wir in (3) RGB durch die Werte (2) ersetzen. Das Resultat hat dann die Form

$$F = \bar{\varrho} R' + \bar{\gamma} G' + \bar{\beta} B',$$

wobei $\bar{\varrho}, \bar{\gamma}$ und $\bar{\beta}$ Funktionen von $\bar{\mathfrak{r}}\bar{\mathfrak{g}}\bar{\mathfrak{b}}$ und den Koeffizienten der Gleichungen (2) darstellen. Wir wollen die analytischen Ausdrücke, die sehr kompliziert sind, hier nicht anführen. Man findet sie in M. Richter, S. 19

Es hat sich nun als zweckmäßig erwiesen, in einem Eichreizsystem (RGB) die Farbreizvalenzen der Spektralreize besonders zu kennzeichnen. Zu diesem Zwecke kann man grundsätzlich folgendermaßen verfahren:

Man baut sich einen Halbschattenapparat, in welchem der eine Halbschatten durch eine beliebige zu untersuchende monochromatische Strahlung der Wellenlänge λ beleuchtet wird, der andere Halbschatten durch ein variables Gemisch der Eichreize RGB mit den Wellenlängen $\lambda_r \lambda_g \lambda_b$, z. B. einer roten, grünen und blauen[1]) mit den Einheiten RGB.

Wir wählen nunmehr für den einen Halbschatten einen Spektralreiz bei λ — etwa ein Gelb — und stellen auf dem anderen durch Mischung der rechts und links benachbarten Eichreize R und G auf Farbgleichheit ein. Nehmen wir an, das Mischungsverhältnis sei $\bar{r}_1 R : \bar{g}_1 G$.

Wie wir früher sahen, läßt sich im allgemeinen auf diese Weise absolute Farbgleichheit nicht erreichen. Das Gemisch der Strahlungen von R und G sieht weißlicher aus, als der Spektralreiz bei λ; um also auch in dieser Beziehung Gleichheit der Halbschatten zu erhalten, muß man zur Strahlung von λ noch weißes Licht addieren. Das kann in der Weise geschehen, daß man von den Eichreizen R, G und B gleichzeitig gewisse Beträge zum Lichte der Wellenlänge λ hinzumischt, wobei man sie so wählt, daß ihr Gemisch. Unbunt ergibt. Die Beträge, welche hinzugefügt werden müssen, seien $\bar{r}_w R$, $\bar{g}_w G$, $\bar{b}_w B$. Man kann nun folgende „Farbgleichung" aufstellen:

$$F_\lambda + \bar{r}_w R + \bar{g}_w G + \bar{b}_w B = \bar{r}_1 R + \bar{g}_1 G,$$

(die linke Seite entspricht dem linken, die rechte dem rechten Halbschatten), wobei F_λ die Farbreizvalenz des Spektralreizes bei λ bedeutet. Wir schreiben vorübergehend $F_\lambda + \bar{b}_w B = \bar{r}_1 R - \bar{r}_w R + \bar{g}_1 G - \bar{g}_w G$. Ein negatives Vorzeichen in der Gleichung bedeutet: Der Reiz wird additiv auf der anderen Seite zugemischt („uneigentliche Mischung"), oder, was dasselbe bedeutet: Der Farbreiz soll auf der negativen Seite weniger zugemischt werden.

Wir setzen

$$\bar{r}_1 - \bar{r}_w = \bar{r}$$
$$\bar{g}_1 - \bar{g}_w = \bar{g}$$
$$\bar{b}_w = \bar{b}.$$

Es folgt:

$$F_\lambda + \bar{b}B = \bar{r}R + \bar{g}G, \tag{1}$$

d. h. die beiden folgenden Gemische erregen den gleichen Farbeindruck:

1. Die Mischung des Spektralreizes F_λ mit dem Eichreiz B des Betrages $\bar{b}B$ und
2. das Gemisch der Eichreize R und G in den Beträgen $\bar{r}R$ und $\bar{g}G$.

Die Gleichung macht plausibel, daß man bei unserem Versuche im Gegensatz zu oben auch einfach so hätte verfahren können, daß man auf dem einen Halbschatten das Gemisch der linken und auf dem anderen Halbschatten das Gemisch der rechten Seite der Gleichung (1) hergestellt hätte. In der Praxis wird das auch so gemacht (vgl. Richter, S. 46ff.).

Wir wollen die Gleichung (1) in der Form

$$F_\lambda = \bar{r}R + \bar{g}G - \bar{b}B \tag{2}$$

---

[1]) Die Wellenlängen mögen 700 mμ und die beiden Hg-Linien 546 mμ und 436 mμ sein, wie sie z. B. von der Internationalen Beleuchtungs-Kommission (IBK) gewählt wurden. Siehe Normblatt DIN 5033 und *Richter*, S. 50ff. Die Einheiten können beliebig gewählt werden.

schreiben und meinen damit den oben dargestellten Vorgang. $\bar{r}$, $\bar{g}$, $-\bar{b}$ sind nun die Maßzahlen für die Farbreizvalenz F_λ. Wir tragen diese Werte in Abhängigkeit von λ auf und wiederholen diese Bestimmung für alle Farbreize eines äquienergetischen Spektrums. Es entstehen drei Kurven, welche die Form von Abb. 20 besitzen. Die Ordinaten nennen wir die spektralen Eichwerte (oder die spektralen Eichreizbeträge) und die Kurven *die spektralen Eichwertkurven*. In der Farbgleichung kommt ein negatives Glied vor. Der entsprechende Farbort liegt also außerhalb des Farbraumes, welcher mit den positiven Achsen *R G B* aufgebaut ist (vgl. Abb. 15). In der Ebene des Farbdreiecks müssen wir ihn ebenfalls außerhalb des Dreiecks setzen (vgl. Abb. 21). Wenden wir die Newtonsche Schwerpunktskonstruktion an, so bedeutet

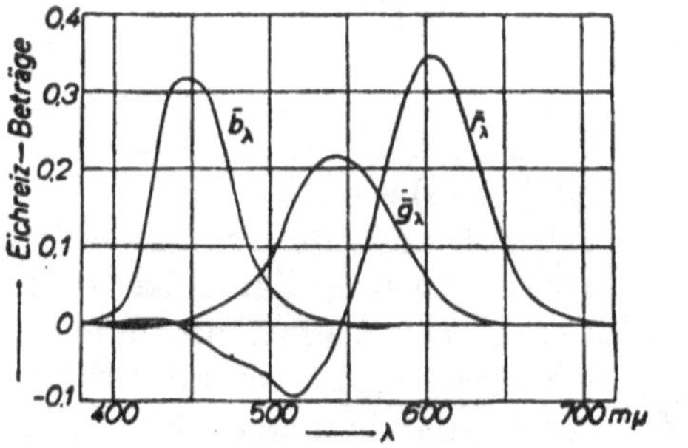

Abb. 20. Erste Phase zur Bestimmung der drei spektralen Eichwertkurven: Experimentelle Aufstellung der Mischungsverhältnisse der Lichter *R*, *G*, *B*, um die Farbreizvalenzen aller Wellen des sichtbaren Spektrums zu erhalten. $\lambda_1 = 700$ mμ, $\lambda_2 = 546$ mμ und $\lambda_3 = 436$ mμ (*Richter*, S. 50)

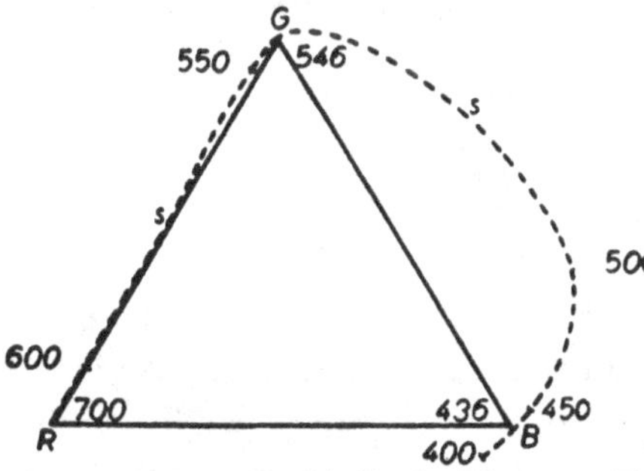

Abb. 21 (schematisch). Zweite Phase zur Bestimmung der spektralen Eichwertkurven: Die zu den Berechnungen von Abb. 20 berechneten Anteile werden in ein Farbdreieck eingetragen. Es entsteht die Spektralfarbenkurve *s*. Die an diese Kurve geschriebenen Zahlen sind Wellenlängen

Wir tragen diese Werte in das Dreieck Abb. 21 ein.

das, daß die Gewichte $\bar{r}$ und $\bar{g}$ in den Ecken *R* und *G* nach unten, das Gewicht $-\bar{b}$ in der Ecke *B* dagegen nach oben, d. h. in entgegengesetzter Richtung zu wirken haben, damit das Dreieck bei Unterstützung im Punkte F_λ, der außerhalb des Dreiecks liegt, im Gleichgewicht ist.

Aus $\bar{r}$, $\bar{g}$, $-\bar{b}$ erhalten wir nach den Formeln S. 27 die Dreieckskoordinaten oder Eichreizanteile r, g, $-b$. Diese Operation führen wir für sämtliche Wellenlängen aus.

Die Verbindungslinie aller dieser Punkte λ stellt die „*Spektralfarbenkurve*" *s* dar. Da immer eine Koordinate negativ ist, fällt die Kurve außerhalb des Dreiecks.

Dieser Umstand ist nicht sehr praktisch, und man war daher bestrebt, die Kurve *s* in das Dreieck hineinzuverlegen. Zu diesem Zweck geht man, wie auf S. 31 beschrieben, vom räumlichen System *RGB* zu einem geeigneten System *R'G'B'* über, so daß nunmehr der Spektralfarbenzug *s* in das neue Farbdreieck *R'G'B'* fällt (vgl. Abb. 22). Der Übergang vom System *RGB* zu *R'G'B'* kann, wie wir gleich sehen werden, nicht experimentell erfolgen, sondern er wird rechnerisch ausgeführt, so daß man im neuen System nunmehr nur positive Eichreizanteile ($r'g'b'$) für die Farborte der Spektralreize und damit auch *positive* Eichreizbeträge ($\bar{r}'\bar{g}'\bar{b}'$) erhält. Das heißt aber folgendes: Wenn man die neuen Eichreize $R'G'B'$ in dem Verhältnis der (nur positiven) Eichreizbeträge additiv mischt, erhält man die Farbe der Spektrallichter nicht mehr verweißlicht wie beim Mischen der spektralen Eichreize RGB, sondern *in voller Sättigung*. Unter Sättigung wollen wir vorläufig das Verhältnis von Buntfarbengehalt zu Weißgehalt verstehen. Bei „völliger Sättigung" enthält der Farbreiz kein Weiß mehr. (Diese reizmetrischen Begriffe werden später definiert.)

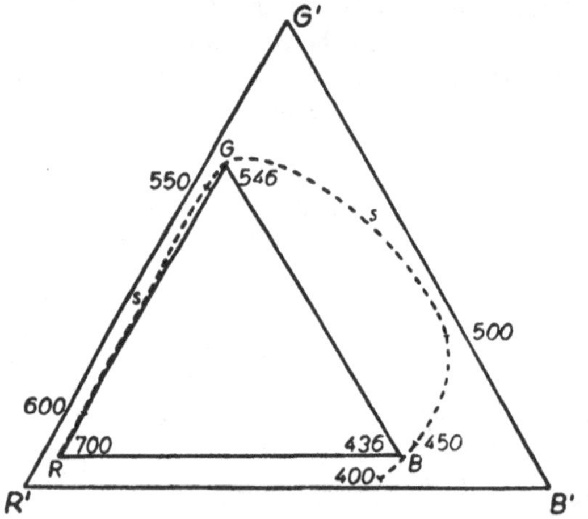

Abb. 22 (schematisch). Dritte Phase zur Bestimmung der spektralen Eichwertkurven: Verlegung der Spektralfarbenkurve *s* in das Dreieck $R'G'B'$

Das ist nun aber nur dann möglich, wenn die neuen Eichreize $R'G'B'$ noch gesättigter sind als die *spektralen Eichreize* RGB. Da es unter normalen Umständen keine Farbreize (d. h. Strahlungen) gibt, die eine gesättigtere Empfindung hervorrufen als diejenige der Spektrallichter, so sind diese neuen Eichreize $R'G'B'$ „*virtuell*" zu denken. Ob sie existieren oder nicht, ist für unsere Zwecke unwesentlich, denn es genügt, wenn man mit ihnen rechnen kann[1]).

Die drei neuen spektralen Eichwertkurven, die sich aus den neuen Eichreizen $R'G'B'$ ableiteten, liegen, da ihre Ordinaten alle positiv sind, alle oberhalb der Abszisse.

Die Eichreize und die damit verbundenen Kurven werden nun, damit sie der Praxis besser dienen, noch weiter umgerechnet, so daß sie eine Reihe von neuen Bedingungen erfüllen. Diese lauten:

1. Die von den drei Kurven umschlossenen Flächen sollen gleich sein.

Auf diese Weise wird der Schwerpunkt des Dreiecks zugleich der Farbort für die *unbunten* Farben.

2. Der rote und der blaue Eichreiz sollen so hoch „übersättigt" (vgl. oben) sein, daß ihre Einheiten so klein gewählt werden können, daß sie zur Helligkeit der Farbreizmischungen praktisch nicht beitragen, vielmehr die Erzeugung der Helligkeit nur dem mittleren (grünen) Eichreiz überlassen wird[2]).

---

[1]) Es ist möglich, einen Spektralbereich gesättigter zu sehen, als er unter normalen Umständen erscheint, wenn man das Auge durch sehr starke Einwirkung des übrigen Bereiches ermüdet; blickt man z. B. eine Zeitlang auf eine gesättigte Blaugrünfläche, so hat man kurz danach von einem Rot einen „übergesättigten" Eindruck.

[2]) Diese Bedingung wird dem Leser einige Schwierigkeiten bereiten. Es ist an sich verständlich, daß bei Addition einer fast völlig schwarzen Farbe zu einer anderen diese

3. Die mittlere Eichwertkurve soll die Form der spektralen Helligkeitsverteilungskurve V_λ (Abb. 12) erhalten.

Es ist der Internationalen Beleuchtungs-Kommission (IBK) gelungen, ein solches System aufzustellen. Im Normblatt DIN 5033 sind die Verhält-

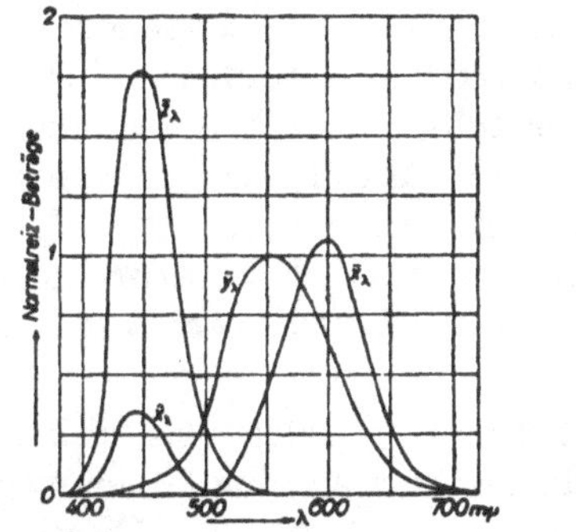

Abb. 23. Die Normaleichwertkurven (nach *Richter*, S. 58)

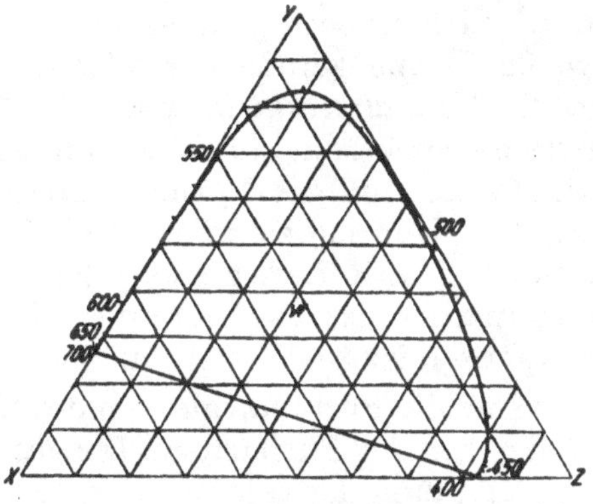

Abb. 24. Das IBK-Farbdreieck. Gleichseitiges Dreieck (nach *Richter*, S. 59)

nisse eingehend dargestellt. Abb. 23 gibt die neuen Kurven an; $\bar{x}$ ist die Rotkurve,. $\bar{y}$ die Grünkurve, $\bar{z}$ die Blaukurve. Abb. 24 und 25 stellen die zugehörigen Farbdreiecke dar. Die Kurvenwerte sind das Meßresultat einer großen Reihe von Beobachtern unter sehr genauer, im Normblatt DIN 5033 festgelegter Normung der Beobachtungsbedingungen[1]).

Die neuen Eichreize nennt man die Normalreize und gibt ihnen die Symbole XYZ. Das System heißt das Normalreizsystem. Eichreizbeträge in diesem System nennt man die *Normalreizbeträge* $\bar{x}\,\bar{y}\,\bar{z}$, wenn sie

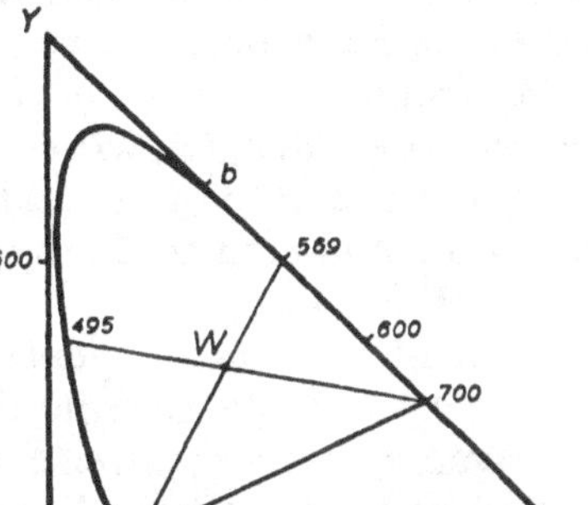

Abb. 25. Das IBK-Farbdreieck. Rechtwinklig gleichschenkliges Dreieck. Die Dreieckspunkte haben als Dreieckskoordinaten die Reizanteile x und y

zur Helligkeitsänderung nicht beiträgt. Daß aber trotzdem dabei die Farbe der zweiten geändert werden kann, ist im ersten Augenblick verwunderlich. Man muß aber nun folgendes bedenken. Bei einer Farbe ist zwischen Sättigung und Helligkeit zu unterscheiden. Bei sehr hoher Sättigung kann die Farbe trotzdem sehr dunkel sein. Für die „Färbekraft" (um diesen Ausdruck einmal ohne genaue Definition zu gebrauchen) ist aber im wesentlichen die Sättigung maßgebend, so daß also Farben denkbar sind, welche sehr dunkel sind, wohl aber bei additiver Mischung zur Farbänderung merklich beitragen. Wenn diese virtuellen Eigenschaften auch nicht anschaulich sind, so muß man sich damit abfinden, daß etwas derartiges errechnet werden kann.

[1]) Eine Farbreizvalenz heißt Farbreiznormalvalenz, wenn man gewisse im Normblatt DIN 5033 festgelegte Beobachtungsbedingungen festhält.

in folgender Weise berechnet sind: Von einer mit Magnesiumoxyd beschlagenen, also rein weißen Fläche werden in unserem neuen Normalreizsystem bei gegebener Beleuchtung die Eichreizbeträge errechnet. Dabei wird der Betrag $\bar{y}$, *der gleichzeitig die Helligkeit der weißen Fläche angibt*, einen gewissen Wert angeben. Wir transformieren nun sämtliche Eichreizbeträge unseres *Normalreizsystems* so, daß $\bar{y}$ für unsere weiße Fläche gerade den Wert 100 erhält. Die Dreieckskoordinaten heißen die *Normalreizanteile* $x y z$. Die Eichreizbeträge sind, für das äquienergetische Spektrum auf 4 Dezimalen berechnet, im Normenblatt angegeben, ferner sind die Normalreizbeträge und -anteile der Spektren der sogenannten Normalbeleuchtungen A und E aufgeführt. *Die Normalbeleuchtung A* wird durch eine Glühlampe der Farbtemperatur 2848° K hervorgerufen. E ist ein unbuntes Licht, dessen Energieverteilung nicht äquienergetisch ist (siehe DIN 5033).

Damit sind die Farbreizvalenzen des Spektrums festgelegt. Es fehlen nun noch diejenigen der Purpurtöne. Die gesättigsten Purpurtöne lassen sich als additive Mischung der beiden Enden des Spektrums darstellen. Damit sind einmal durch das Prinzip 2, S. 29, ihre Normalreizbeträge und durch die Verbindungslinie der Spektrumenden ihre Farborte und Normalreizanteile bestimmt.

Es gibt natürlich noch sehr viele andere Systeme, je nach der Wahl der Eichreize (hinsichtlich Farbton, Sättigung und Helligkeit). Das vorliegende zeichnet sich durch besondere Einfachheit aus und ist ganz besonders geeignet, die ihm zufallende Aufgabe zu lösen: *Die Normalreizbeträge einer beliebigen Farbreizvalenz zu bestimmen.*

Wir können den Farbreiz F auffassen als additive Mischung von Spektralreizen in den Mengen, wie es die spektrale Energieverteilung angibt. Wir erinnern uns, daß man bei additiver Mischung die Eichreizbeträge der Komponenten addieren muß, um die Eichreizbeträge der Mischung zu erhalten (s. S. 29, Punkt 2).

Die zu addierenden spektralen Eichreizbeträge erhält man dadurch, daß man die spektrale Energie des Farbreizes F mit den spektralen Eichreizbeträgen wellenlängenweise multipliziert.

Daraus folgt, daß die *Normalreizbeträge* der zu untersuchenden Farbreizvalenz F dargestellt werden durch

$$\bar{x}_F = \int_{380}^{780} \varphi_\lambda \bar{x}_\lambda \, d\lambda,$$

$$\bar{y}_F = \int_{380}^{780} \varphi_\lambda \bar{y}_\lambda \, d\lambda,$$

$$\bar{z}_F = \int_{380}^{780} \varphi_\lambda \bar{z}_\lambda \, d\lambda,$$

weil wir die bestimmten Integrale als Summen der Integranden auffassen können.

$\bar{x}_\lambda \bar{y}_\lambda \bar{z}_\lambda$ sind die Normalreizbeträge des äquienergetischen Spektrums, und φ_λ ist die relative spektrale Energieverteilung von F, d. h. bei Körperfarben das Produkt der relativen spektralen Energieverteilung der beleuchtenden Strahlung E_λ und der Remissionsfunktion $\varepsilon(\lambda)$, also

$$\varphi_\lambda = \varepsilon(\lambda) E_\lambda .$$

Um die Eichreizbeträge einer Farbreizvalenz zu erhalten, muß man also die φ_λ-Werte für jedes λ mit den Werten $\bar{x}_\lambda$, $\bar{y}_\lambda$ und $\bar{z}_\lambda$ multiplizieren und diese Werte zu λ als neue Kurven auftragen. Die Flächeninhalte dieser Kurven, die man durch Planimetrieren oder sonstige vereinfachte Operationen (vgl. Richter, S. 135ff.) erhält, geben die Werte $\bar{x}_F$, $\bar{y}_F$ und $\bar{z}_F$. Zur praktischen Anwendung dieser Methode ist es notwendig, sich genau an die Vorschriften des Normblattes DIN 5033 zu halten. Auch ist die Praxis in Richter, S. 135, eingehend beschrieben. An dieser Stelle soll nur das Prinzipielle dargestellt werden. Für Farben von Selbstleuchtern gilt etwas Entsprechendes, was ebenfalls im Normblatt eingehend behandelt ist.

c) Das Additivitätstheorem der Helligkeit

Bei der Aufstellung des Systems DIN 5033 wurden die beiden Bedingungen 2 und 3, S. 34/35, gestellt. Aus ihnen ist zu folgern, *daß $\bar{y}_F$ gleichzeitig die Helligkeit der Farbreizvalenz F angibt.* Denn $\bar{x}_F$ und $\bar{z}_F$ tragen zur Helligkeit nicht bei, und $\bar{y}(\lambda)$ (die mittlere Eichwertkurve) besitzt die Helligkeitsverteilung des äquienergetischen Spektrums.

Für diese Gesetzmäßigkeit wurde die Gültigkeit des Additivitätstheorems der Helligkeit vorausgesetzt. Es besagt folgendes: Genau so, *wie sich die trichromatischen Maßzahlen der Farbreizvalenzen bei der additiven Mischung addieren, addieren sich auch die Helligkeiten.*

Dieses Theorem ist nun aber nicht so einfach hinzunehmen, wie es erscheint, und es wurde auch oft falsch verstanden. Was versteht man überhaupt unter der Helligkeit eines Farbreizes? Man kann daran denken, die Helligkeit so zu definieren, daß man, wie wir es oben S. 22ff. taten, aus einer Grauskala, deren Helligkeitsstufen bekannt sind, unter direktem Vergleich dasjenige Feld heraussucht, dessen Helligkeit mit derjenigen des zu untersuchenden Farbfeldes gleich erscheint. Die bekannte Helligkeit des Skalenfeldes ist dann gleichzeitig diejenige des Farbreizes. Machen wir das mit einem zweiten Farbreiz ebenso und mischen beide Farbreize additiv, so sollte, wenn das Additivitätstheorem gültig wäre, die Helligkeit der Mischung gleich der Summe der Helligkeiten der Einzelfarbreize sein, *wobei wir die Helligkeit der Mischung in gleicher Weise feststellen wie oben bei den Komponenten.* Es hat sich nun herausgestellt, daß *bei dieser Art der Helligkeitsbestimmung* das Additivitätstheorem der Helligkeiten nicht völlig gültig ist. „Leuchtende" Farben mit einer gewissen „Farbglut" werden nämlich bei dieser Methode bezüglich der Helligkeit überschätzt (vgl. Dresler, Die Naturwiss., 29, 225, 1941).

Nun gibt es aber eine Reihe anderer Methoden zur Helligkeitsbestimmung, für welche das Additivitätstheorem der Helligkeiten gültig ist. Unter ihnen spielt der Kleinstufenvergleich eine besondere Rolle: Wollen wir z. B. zwei Spektralreize bezüglich ihrer Helligkeit vergleichen, so geht man hierbei schrittweise unter Benutzung der zwischen den beiden Farben liegenden von der einen zur anderen über. Hierbei vergleichen wir die Helligkeiten der einzelnen Stufen direkt miteinander, bzw. bedienen uns der bekannten Flimmermethode[1]). Die Methode des direkten Vergleichs ist in diesem Falle bei weitem nicht mit so großen Schwierigkeiten behaftet. Denn beim Helligkeitsvergleich der kleinen Stufen sind die Farben ja nur unwesentlich verschieden, so daß beinahe keine *heterochrome Photometrie* mehr anzuwenden ist. Die Befürchtung, daß sich die Fehler, die man bei jeder Stufe macht, summieren, hat der Versuch zerstreut. Anscheinend heben sich die Fehler im Gegenteil auf.

Wichtig dabei ist nun, daß das Additivitätstheorem der Helligkeit bei diesem Verfahren gültig ist, wenn man die Helligkeit der additiven Mischung wieder mit der der Komponenten unter Einschaltung kleiner Stufen ermittelt. Diesen Übergang gestaltet man sich beliebig aus. Man kann z. B. über verweißlichte Stufen des einen Farbreizes über Weiß und darauf über die verweißlichten Stufen des anderen Farbreizes zu ihr hinübergehen oder sonst irgendwie einen bequemen Kleinstufenvergleich wählen.

Wenn wir die Helligkeit eines Farbreizes gleich

$$H = \int_{380}^{780} \varphi(\lambda)\, V_\lambda\, d\lambda$$

$\varphi(\lambda)$ ist die rel. spektrale Energieverteilung des Farbreizes;

V_λ ist die Helligkeitsverteilung des äquienergetischen Spektrums

setzen, so setzen wir voraus, daß das Additivitätstheorem der Helligkeit für das Verfahren gilt, mit Hilfe dessen man V_λ erhielt. Das ist in der Tat der Fall[2]). Wie aus Obigem hervorgeht, kann man das Integral auch in der folgenden Form schreiben:

$$\bar{y} = \int_{380}^{780} \varphi(\lambda)\, \bar{y}_\lambda\, d\lambda .$$

Es ist aber nicht gesagt, daß zwei Farbreize mit gleichem $\bar{y}$ *bei direktem Vergleich* (d. h. ohne Anwendung der Kleinstufenmethode) in der Helligkeit völlig übereinstimmen, denn ist die eine Farbe besonders farbenprächtig, so erscheint sie heller als die weniger gesättigte, wie wir oben schon erwähnten.

---

[1]) Man bietet dem Auge in einem geeigneten Photometer schnell nacheinander die beiden zu vergleichenden Lichter dar. Verschwindet der dabei auftretende Flimmereindruck bzw. erreicht er ein Minimum, wenn man das Intensitätsverhältnis der Lichter ändert, so hat man gleiche Helligkeit der Lichter erreicht.

[2]) Man spricht von V_λ-Treue eines Meßergebnisses, wenn man als Bewertungsmaßstab V_λ verwandt hat.

d) Das Luthersche Farbmoment und dessen Bedeutung für die Farbreizmetrik[1])

Bis jetzt hatten wir als Bewertung der Farbreizvalenzen die Reizbeträge (z. B. die Normalreizbeträge $\bar{x}, \bar{y}, \bar{z}$) gewählt. Die Bedeutung dieser Kennzeichnung beruht auf den Grassmannschen Mischgesetzen. Die Anschaulichkeit ist hinsichtlich des Farbcharakters nicht immer sehr groß. Nehmen wir z. B. an, wir hätten die Farbe Weiß zu kennzeichnen. Im Weiß kann man die Farbenreize X (Rot), Y (Grün), Z (Blau) nicht mehr heraus*empfinden*. Man mißt also mit Lichtern, die empfindungsgemäß gar nicht mehr in der Farbe vorkommen, abgesehen davon, daß X, Y, Z virtuelle Farbreize darstellen. Nun gibt es aber noch eine große Reihe von weiteren Möglichkeiten zur zahlenmäßigen Charakterisierung einer Farbreizvalenz, *deren Maßzahlen, wenn auch nicht quantitativ, wohl aber qualitativ, der Empfindung für die Farbe Rechnung tragen.* Hier spielt das später zu erörternde Helmholtzsche System, ganz besonders aber der so anschauliche Weiß-, Schwarz- und Vollfarbenanteil nach Ostwald eine große Rolle (vgl. S. 5ff., Einteilung der Farben). Denn diese charakterisieren die Farbe unmittelbar anschaulich. Das vorliegende Kapitel soll die eingehende Beschreibung dieses Maßsystems vorbereiten. Wir werden zuerst lernen, wie man bequem die Optimalfarben- und besonders die Vollfarbenbestimmungsstücke feststellen kann. Aus diesen wiederum leiten sich dann mit einfachen Formeln die Ostwaldwerte (Vollfarben-Weiß- und Schwarzanteil) ab.

Auf S. 25ff. hatten wir den Farbort F' im Farbdreieck als Unterstützungspunkt aufgefaßt für das im Gleichgewicht stehende Dreieck, in dessen Ecken die Eichreizbeträge (z. B. $\bar{x}, \bar{y}, \bar{z}$) der Farbreizvalenz F als Gewichte angebracht waren. Die Unterstützung im Punkte F' ist gleichwertig mit der Einwirkung einer nach oben (d. h. negativen) gerichteten Kraft von $\bar{x} + \bar{y} + \bar{z}$.

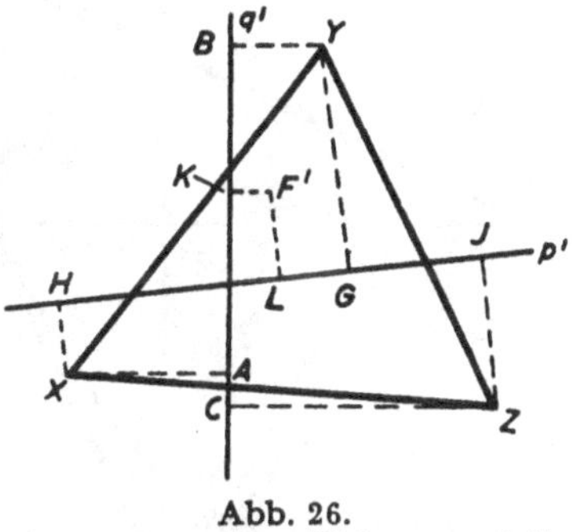

Abb. 26.
Darstellung der „Eichmomente"

Wenn sich das Dreieck nach Anhängung der Gewichte $\bar{x}, \bar{y}, \bar{z}$ in den Punkten X, Y, Z und Unterstützung in F' (Abb. 26) im Gleichgewicht befindet, so muß es bezüglich all seiner Teile im Gleichgewicht stehen, also auch bezüglich irgendeiner Drehachse, die quer durch das Dreieck gedacht ist. Wir ziehen eine solche Achse q' und bilden die Summe der Drehmomente[2] (vgl. Abb. 26).

$$M_1 = \bar{x} XA + \bar{y}(-YB) + \bar{z}(-ZC)^{3}). \quad (1)$$

[1]) Die Betrachtungen gehen auf *Luther* zurück. *Richter* hat die Untersuchungen auf das IBK-Dreieck weitergeführt. *Luther*, S. 545ff. *Richter*, S. 106ff. und 110ff.

[2]) Ein Drehmoment ist gleich dem Produkt aus Kraft und senkrechtem Abstand des Angriffspunktes der Kraft von der Drehachse (Hebelarm).

[3]) Entgegengesetzt gerichtete Hebelarme sind negativ anzusetzen.

Dieser Ausdruck muß, um das Gleichgewicht herzustellen, gleich dem für F geltenden Ausdruck sein:

$$M_1 = (\bar{x} + \bar{y} + \bar{z})\,KF'.$$

Ebenso können wir bezüglich der Achse p' sagen:

$$M_2 = \bar{x}XH + \bar{y}(-YG) + \bar{z}ZJ = (\bar{x} + \bar{y} + \bar{z})\,F'L. \qquad (2)$$

Wir nennen M_1 und M_2 die *Eichmomente* der Farbreizvalenz F, bezogen auf die Achsen p' und q'.

Legen wir nun die Drehachsen p' und q' durch die Punkte X und Z und lassen sie sich im Unbuntpunkt W des Dreiecks (Schwerpunkt) schneiden, so vereinfachen sich gemäß Abb. 27 die Momentengleichungen, wie wir sie eben aus Abb. 26 ableiteten. Es wird, da p' und q' auf XY und YZ senkrecht stehen:

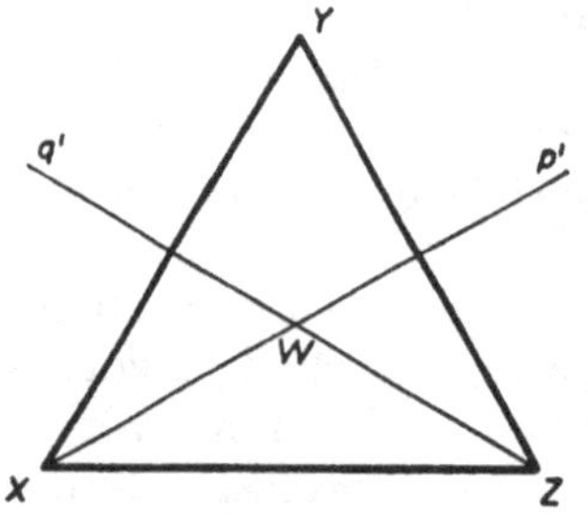

Abb. 27. Die Drehachsen p' und q' gehen durch X und Y und schneiden sich in W

$$M_1 = \bar{x}\left(-\frac{XY}{2}\right) + \bar{y}\,\frac{XY}{2},$$

$$M_2 = \bar{y}\,\frac{YZ}{2} + \bar{z}\left(-\frac{YZ}{2}\right).$$

Wir wollen ferner das gleichseitige Dreieck und damit auch den Farbenraum durch Parallelprojektion so transformieren (vergleiche S. 25 ff.), daß sich die Drehachsen rechtwinklig schneiden[1]). Es entsteht das gleichschenklige Dreieck der Abb. 28.

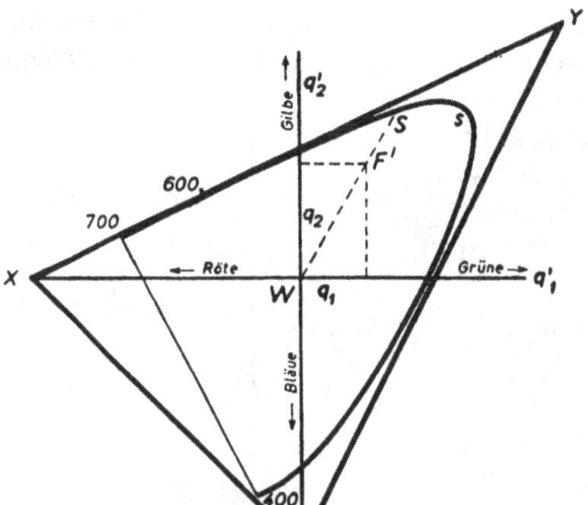

Abb. 28. Transformiertes Dreieck mit senkrecht aufeinanderstehenden Achsen. Das Dreieck ist schräg gestellt, so daß die Achsen q'_1 und q'_2 dem Beschauer als normal gelagertes Achsenkreuz erscheinen

Die Achsen q'_1 und q'_2 betrachten wir gleichzeitig als Koordinatenachsen, so daß wir einen Farbpunkt F' außer durch die Dreieckskoordinaten auch durch die rechtwinkligen Koordinaten q'_1 und q'_2 beschreiben können. Da die beiden Achsen q'_1 und q'_2 zufällig ungefähr durch den Spektralpunkt des Urrot[2]) und des Urgrün, ferner durch den des Urblau und Urgelb gehen, so charakterisieren die Koordinaten q'_1 und q'_2 je nach ihren Vorzeichen die „Röte-Grüne" bzw. die „Gilbe-

[1]) Der Farbraum besitzt dann keine rechtwinkligen Koordinatenachsen mehr, und die Einheitsvektoren sind einander nicht mehr alle gleich. Die Werte $\bar{x}$, $\bar{y}$, $\bar{z}$ bleiben bei dieser Transformation unverändert.

[2]) Es liegt nicht im Spektrum, sondern auf der Purpurgeraden, da das spektrale Rot zu gelb erscheint.

Bläue" (Luther) des Farbtons: Negatives q_1' stellt ein Vorherrschen der Röte, ein positives ein solches der Grüne dar. Positives q_2' gibt die Gilbe, negatives q_2' die Bläue an, alles wieder reizmetrisch im definierten Sinne. Das ist leicht aus der Lage der Farbpunkte und durch Vergleich der Koordinaten q_1' und q_2' einzusehen. Man vergleiche wieder die empfindungsgemäße Einteilung der Farben in die sich ausschließenden Urfarben Rot, Grün einerseits und Gelb, Blau andererseits.

Wie eingangs auseinandergesetzt wurde, gilt in bezug auf die q_2'-Achse

$$M_1 = \bar{y}XW - \bar{x}XW = (\bar{x} + \bar{y} + \bar{z})\, q_1$$

(XW ist ebenfalls gleich dem Abstand des Punktes Y von der q_2'-Achse), also

$$\frac{q_1}{XW} = \frac{\bar{y} - \bar{x}}{\bar{x} + \bar{y} + \bar{z}} = y - x \quad \text{(vgl. S. 27).}$$

Wenn wir also für die Koordinaten q_1 und q_2 die Strecke XW als Einheit wählen, so gilt

$$q_1 = y - x \quad \text{und} \quad M_1 = \bar{y} - \bar{x} \tag{1}$$

und entsprechend

$$q_2 = y - z, \quad M_2 = \bar{y} - \bar{z} \tag{2}$$

oder auch

$$q_1 = \frac{M_1}{\bar{x} + \bar{y} + \bar{z}}, \tag{3}$$

$$q_2 = \frac{M_2}{\bar{x} + \bar{y} + \bar{z}}. \tag{4}$$

Unter dem *leukozentrischen Farbmoment* M der Farbreizvalenz F verstehen wir nun das Produkt aus dem Farbgewicht $(\bar{x} + \bar{y} + \bar{z})$ und dem Hebelarm WF', also

$$M = WF'\,(\bar{x} + \bar{y} + \bar{z}). \tag{5}$$

Da aber

$$WF' = \sqrt{q_1^2 + q_2^2} \tag{6}$$

ist, so folgt aus all diesen Beziehungen

$$M = \sqrt{M_1^2 + M_2^2}\,. \tag{7}$$

Diese Gleichung gilt wegen der vorangehenden nur für dieses spezielle Dreieck mit dem senkrecht aufeinander stehenden Achsen q_1' und q_2' und allen gewählten Einheiten.

Bedeutet S den Schnittpunkt der Spektralfarbenkurve mit WF', so können wir nach dem Hebelsatze für alle Farbreize, deren Farborte auf der Geraden WS liegen und die wir *„farbtongleiche Farbreize"* nennen, die Gleichung

$$(\bar{x} + \bar{y} + \bar{z})\, F'W = (\bar{x}_s + \bar{y}_s + \bar{z}_s)\, WS \quad (WS \text{ eigentlich negativ}) \tag{8}$$

aufstellen, wobei $\bar{x}_s$, $\bar{y}_s$, $\bar{z}_s$ die Normalreizbeträge der zu F „farbtongleichen" Spektralreizvalenz F_s darstellen; zu diesem Farbreiz muß man einen gewissen Betrag Unbuntreiz mit dem Farbreiz F_w additiv mischen, um den Farbreiz mit der Farbreizvalenz F zu erhalten. Die Summe der Normalreizbeträge der Spektralreizvalenz $\bar{x}_s + \bar{y}_s + \bar{z}_s$ kann aber, da sie bei dieser Mischung neben Unbunt das bunte Prinzip darstellt, als reizmetrisches Maß für die „Buntheit"[1]) angesehen werden. Man nennt diesen Ausdruck die „Farbigkeit". Nun läßt sich M nach (5) und (8) auch in der Form schreiben

$$M = (\bar{x}_s + \bar{y}_s + \bar{z}_s)\, WS\,, \tag{9}$$

und da für farbtongleiche Farbreizvalenzen WS konstant ist, so folgt aus Gleichung (9), daß *für diese farbtongleichen Farbreizvalenzen das Farbmoment proportional der „Farbigkeit" ist.* Damit haben wir also in dem Farbmoment eine anschauliche Größe gewonnen. Man erhält für das Farbmoment in dem Dreieck der Abb. 28 nach (7) die Formel

$$M = \sqrt{(\bar{y} - \bar{x})^2 + (\bar{y} - \bar{z})^2}\,. \tag{10}$$

Die Gleichung (9) gilt für jede Form des Dreiecks. Es ändert sich nur von Figur zu Figur der Wert WS. WS ist außerdem mit der farbtongleichen Wellenlänge veränderlich.

Die Gleichung (10) gilt wegen (7) nur für die Dreiecksform Abb. 28.

Für alle Farbreizvalenzen gleichen Farbtones ergibt sich ferner

$$\frac{q_1}{q_2} = \frac{M_1}{M_2} = \text{const.} \tag{11}$$

[vgl. die Beziehungen (3) und (4) von S. 41].

Luther bildete nun die Eichmomente derjenigen Optimalfarben (vgl. S. 20ff.), deren eine Spektralgrenze am kurzwelligen Ende des Spektrums bei 380 mμ und deren anderes Ende bei einer beliebigen Stelle λ des Spektrums liegt. Aus der Definition der Eichmomente (M_1 und M_2) ergibt sich, daß sie sich bei der additiven Mischung zweier Farbreize ebenfalls addieren [vgl. S. 41 (1) und (2)]. *Die Eichmomente $M_{1\lambda}$ und $M_{2\lambda}$ der so gebildeten Optimalfarben* errechnen sich also folgendermaßen:

$$M_{1\lambda} = \int_{380}^{\lambda} M_1(\lambda)\, d\lambda,$$

$$M_{2\lambda} = \int_{380}^{\lambda} M_2(\lambda)\, d\lambda.$$

Diese Werte trägt man für jedes λ in ein Koordinatensystem Abb. 29 mit den Achsen $M_{1\lambda}$ und $M_{2\lambda}$ ein *(Optimalfarbendiagramm).*

Gleichzeitig ist das Farbdreieck Abb. 28 so eingezeichnet, daß die Achsen q_1' und q_2' den Koordinaten des Optimalfarbendiagrammes parallel laufen (q_1' der $M_{1\lambda}$-Achse und q_2' der $M_{2\lambda}$-Achse parallel).

Die Optimalfarbenkurve ist mit denjenigen λ-Werten bezeichnet, zu denen $M_{1\lambda}$ und $M_{2\lambda}$ gehören. Verbindet man den Koordinatenanfangspunkt

1) „Buntheit" soll der Empfindung entsprechen

mit irgendeinem Punkt der Kurve, so entsteht eine Sehne bzw. ein Vektor, dessen Länge

$$M = \sqrt{M_{1\lambda}^2 + M_{2\lambda}^2}$$

ist. Das heißt die Länge der Sehne ist gleich dem *Farbmoment der Optimalfarbe, deren Grenzen am kurzwelligen Spektrumende und bei λ liegen.*

Verbindet man zwei beliebige Punkte der Kurve, z. B. *C* und *D*, so mögen M_{1D} und M_{2D} bzw. M_{1C} und M_{2C} die Eichmomente für den gesamten Spek-

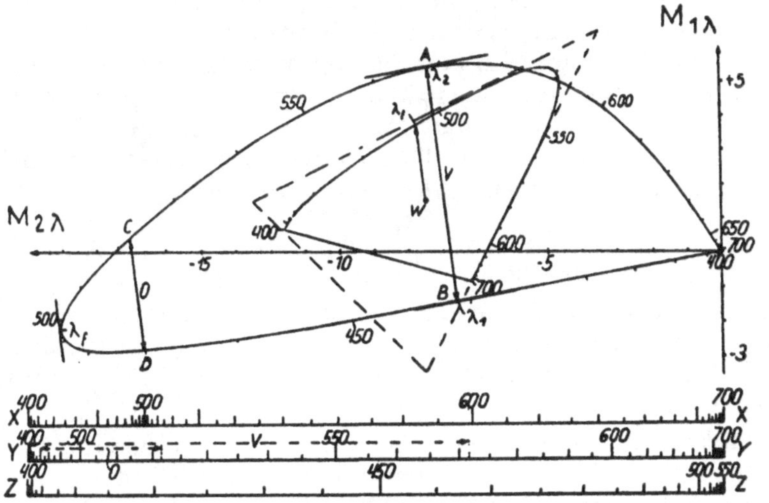

Abb. 29. Das Optimalfarbendiagramm (nach *Richter*, S. 113) für die Normalbeleuchtung *E*

tralbereich von 380 mμ bis *D* bzw. bis *C* darstellen. Die Eichmomente M_{1DC} und M_{2DC} für die Optimalfarbe, deren Spektrum von *D* bis *C* (im Uhrzeigersinne) reicht, errechnen sich nach dem Obigen so:

$$\left.\begin{aligned} M_{1D} + M_{1DC} &= M_{1C} \\ M_{2D} + M_{2DC} &= M_{2C} \end{aligned}\right\}$$ Additivitätsgesetz für Momente bei additiver Mischung (S. 42)

also

$$M_{1DC} = M_{1C} - M_{1D}$$
$$M_{2DC} = M_{2C} - M_{2D}.$$

Ferner ist

$$CD = \sqrt{(M_{1C} - M_{1D})^2 + (M_{2C} - M_{2D})^2}$$

und danach

$$CD = \sqrt{M_{1DC}^2 + M_{2DC}^2}\,.$$

Daraus folgt, daß die Sehne

$$DC = M_{DC}$$

das *Farbmoment* der Optimalfarbe mit dem Spektralbereich *DC* (im Uhrzeigersinn überstrichen) darstellt. Man ist also mit Hilfe des Optimalfarbendiagrammes in der Lage, durch einfaches Verbinden der Grenzwellenlängen der Optimalfarbe ihr Moment zeichnerisch zu ermitteln.

Verschiebt man DC parallel mit sich selbst, so erhält man durch die neuen Sehnen alle Optimalfarben gleichen Farbtones. Denn allen diesen Geraden ist das Verhältnis ihrer Eichmomente

$$\frac{M_1}{M_2},$$

wie man aus dem Vorangehenden leicht ersieht, gemeinsam [vgl. S. 42 (11)]. Für diejenige Farbreizvalenz, welche der größten Sehne (AB) entspricht, hat also auch das Farbmoment und somit auch die ,,Farbigkeit" ein Maximum erreicht. Im Punkte λ_f (auf der Optimalfarbenkurve) schrumpft die Sehne zu einem Punkt zusammen. Die Tangente an die Optimalfarbenkurve ist hier parallel der Sehnenschar. Das Moment, d. h. die Sehne, ist gleich Null geworden, wir haben also die unendlich schmale Optimalfarbe, d. h. die Stelle der *farbtongleichen Wellenlänge* λ_f vor uns.

Da

$$\frac{M_1}{M_2} = \frac{q_1'}{q_2'}$$

ist [vgl. S. 42 (11)], und da die Achsen q_1' und q_2' des eingezeichneten Dreiecks den $M_{1\lambda}$- und $M_{2\lambda}$-Achsen parallel laufen, folgt, daß die Parallele zu DC durch W sich mit der Spektralfarbenkurve des Dreiecks ebenfalls in λ_f (auf dem Dreieck) schneidet.

Der Punkt λ_f auf der Optimalfarbenkurve gibt gleichzeitig die ,,schwarze Optimalfarbe" an. Denn es wird hier infolge Schmalheit des Spektralbereiches von dem Optimalfarbenpigment kein Licht reflektiert.

Von hier aus nimmt das Moment zu, wenn wir die Schar der Parallelen nach rechts durchlaufen. Nachdem das Maximum in der Sehne AB erreicht ist, nehmen die Momente wieder ab, und zwar deswegen, weil jetzt die Spektralbereiche der Optimalfarben sich weiter ausdehnen, als der Optimalfarbe AB entspricht. Die Optimalfarben werden jetzt weißer und verlieren damit an ,,Farbigkeit" (s. S. 20), bis endlich die andere Tangente (parallel zu derjenigen an λ_f) erreicht ist, welche den gesamten Spektralbereich angibt (Moment $= 0$ wegen Farblosigkeit), d. h. das Weiß.

Weiter sei darauf hingewiesen, daß die Tangenten an die Punkte A und B, welche der größten Sehne angehören, aus geometrischen Gründen parallel verlaufen. Die beiden dazugehörigen Wellenlängen λ_1 und λ_2 sind Gegenwellenlängen, wie man leicht sieht, wenn man im Farbendreieck die Parallele zu diesen Tangenten durch W zeichnet und bedenkt, daß die so entstehende Gerade durch den Unbuntpunkt den Spektralfarbenzug in den beiden Gegenwellenlängen schneidet. Damit ist aber bewiesen, daß die Farbreizvalenz V mit dem größten Farbmoment AB bzw. mit der größten ,,Farbigkeit" (reizmetrisch) gleichzeitig die Vollfarbe nach unserer früheren Definition darstellt, nach welcher sie durch Gegenwellenlängen begrenzt wird (vgl. S. 20ff).

Das Optimalfarbendiagramm bietet uns nach dem Vorangehenden die Möglichkeit, konstruktiv folgende Daten über Optimalfarben schnell zu gewinnen:

1. Gegeben eine Wellenlänge λ_f. Gesucht die Daten sämtlicher farbtongleichen Optimalfarben und deren Momente.

Man konstruiert zu diesem Zwecke im Dreieck die Linie $W\lambda_f$ und die sämtlichen Parallelen zu ihr. Die Schnittpunkte dieser Parallelen mit dem Optimalfarbendiagramm geben die Grenzwellenlängen der gesuchten Optimalfarben an. Der remittierte bzw. durchgelassene Spektralbereich der Optimalfarbe wird im Uhrzeigersinn überstrichen (z. B. *D—C*). Die größte Sehne, kenntlich an den beiden parallelen Tangenten an den Enden, gibt die Lage der Vollfarben an. Die Länge der Sehnen ist das Farbmoment *M*. Im Falle *BA* als Vollfarbe liegen links die verschwärzlichten, rechts die verweißlichten Optimalfarben.

Im umgekehrten Sinne kann man ohne weiteres die folgende Aufgabe lösen:

2. Gegeben eine Optimalfarbe mit ihren Grenzen. Gesucht die farbtongleiche Wellenlänge.

In dem Diagramm Abb. 29 sind von Richter noch drei eigentümliche Maßstäbe angebracht. Es handelt sich dabei um die Lutherschen Diagramme, mit deren Hilfe man die Eichreizbeträge der Optimalfarben und durch $\bar{y}$ auch gleichzeitig ihre Helligkeit ablesen kann. Die Maßstäbe sind dargestellt durch die Integrale

$$\bar{x} = \int_{380}^{\lambda} E_\lambda \bar{x}_\lambda \, d\lambda, \qquad \bar{y} = \int_{380}^{\lambda} E_\lambda \bar{y}_\lambda \, d\lambda, \qquad \bar{z} = \int_{380}^{\lambda} E_\lambda \bar{z}_\lambda \, d\lambda.$$

E_λ ist die relative Energieverteilung für die Normalbeleuchtung *E* (S. 36), für die das Diagramm Abb. 29 berechnet ist, und $\bar{x}$, $\bar{y}$, $\bar{z}$ sind die Normalreizbeträge der Optimalfarben von 380 mμ bis λ. Die Maßstäbe haben naturgemäß die Eigenschaft, daß die Wellenlängen um so weiter auseinander liegen, je größer die zugehörigen Eichreizbeträge sind. Also z. B. besitzt die *X*-Eichreizkurve bei 600 mμ ihr Maximum (vgl. Abb. 23), dort liegen also im oberen *X*-Maßstabe die Wellenlängen weit auseinander. Umgekehrt befinden sich bei 400 mμ, 500 mμ und 700 mμ die Minima, so daß hier die Wellenlängen im *X*-Maßstabe eng gezeichnet sind. Es ist klar, daß eine Optimalfarbe, z. B. *O* oder *V* (Abb. 29), beim Abmessen auf diesen Maßstäben (z. B. auf *Y*) die Eichreizbeträge (z. B. $\bar{y}$) sofort ergibt. *O* entspricht *DC* und *V* entspricht *AB*.

Zum Schluß sei noch kurz darauf hingewiesen, daß man mit diesen Maßstäben auch die Normalreizbeträge von Farbreizvalenzen beliebiger Remissionskurven erhält, wenn man über den Maßstäben als Abszissen die Remissionen aufträgt und die entsprechenden Kurven integriert. Es ist dies eine der Erleichterungen, welche Luther zur Auswertung der Integrale

$$\bar{x} = \int_{380}^{780} \varphi_\lambda \bar{x}_\lambda \, d\lambda \quad \text{usw.}$$

vorgeschlagen hat (*Luther, S. 541 ff.*).

Mit Hilfe des Momentes lassen sich nun die Körperfarben anschaulich darstellen[1]: Farbtongleiche Farbreizvalenzen werden in einem besonderen Koordinatensystem eingetragen; als Abszisse wählen wir das Farbmoment M und als Ordinate die Farbreizsumme $\bar{x} + \bar{y} + \bar{z}$ (Abb. 30).

Dieses Diagramm stellt (eingehende Betrachtungen bei Luther, Richter, Arens l. c.) einen Teil des Farbraumes Abb. 15 dar. Infolgedessen gelten in ihm die gleichen Gesetzmäßigkeiten. Verbindet man also irgendeinen Farbpunkt F mit dem Ursprung S des Koordinatensystems (Farbort des Schwarz, $M = O$. $\bar{x} + \bar{y} + \bar{z} = 0$), so ist SF der Farbvektor unseres früheren Farbraumes. Das Farbdreieck unseres früheren Farbraumes geht durch W und steht senkrecht zu SW (in Abb. 30 nicht gezeichnet). Die Verbindungslinie SF trifft dieses Dreieck im Dreieckort F' des Farbreizes F. Genau wie im Farbraum erhält man den Farbpunkt einer additiven Mischung durch Addition der Vektoren der Komponenten. Die Verbindungslinie zweier Farbpunkte enthält die anteiligen additiven Mischungen der Komponenten. Hieraus ergibt sich, daß ein Farbpunkt F unseres Diagrammes aufgefaßt werden kann als Punkt in irgendeinem Dreieck, welches man um ihn konstruiert, z. B. als Farbort im Dreieck WVS. Da die Summe der diesbezüglichen Dreieckskoordinaten $v + w + s$ konstant (= 1) ist, so sind also v, w und s gleichzeitig die Komponenten einer anteiligen Mischung der Farbreize Weiß (W), Schwarz (S) und V. Daher können diese anteiligen Werte auch als Farben eines Farbkreisels aufgefaßt werden, auf welchen die Sektoren v, w, s der Farbreize V, W, S aufgezogen sind (vgl. Abb. 32). Auf FS liegen alle reizartgleichen Farben, d. h. Farben gleichen Farbortes, die nur durch Helligkeitsänderung ineinander übergehen. Als Farbkreiselfarben enthalten sie lediglich Sektoren des Farbreizes F und Schwarz S. Auf VW liegen alle anteiligen additiven Mischungen der Farbreize V und Weiß. WS bildet die Unbuntreize, ihr Farbmoment ist ordnungsgemäß = 0[2]).

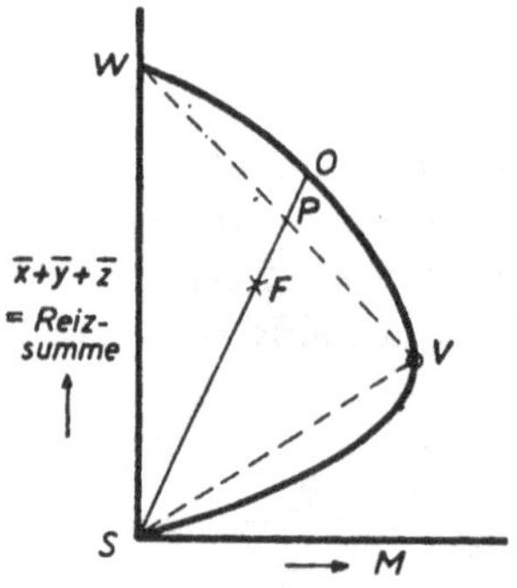

Abb. 30 (schematisch). Schnitt durch den *Luther-Nyberg*schen Pigmentfarbenkörper

Wir zeichnen die Optimalfarben gleichen Farbtones in das Diagramm ein und finden die Kurve WVS. Die Farbmomente und die Reizsummen werden mit Hilfe des Optimalfarbendiagrammes von Luther bestimmt (vgl. Abb. 29). Zu diesem Zwecke wurde es ausgearbeitet. Im Punkt V erreicht M und damit die „Farbigkeit" [d. h. der Wert $\bar{x}_s + \bar{y}_s + \bar{z}_s$ der Gleichung (9), S. 42] das Maximum. V entspricht also der Vollfarbe.

Zu beiden Seiten von V nimmt das Farbmoment und damit die Farbigkeit wieder ab. Im oberen Teil VW liegt der Grund hierfür in einer zunehmenden

[1]) *R. Luther* l. c. (*N. D. Nyberg*, Z. Phys. 52, 406, 1928). *M. Richter*, S. 110ff. *H. Arens*, Phys. Z. 43, 1942.

[2]) Man kann sich eingehend über die Ableitungen dieser Gesetzmäßigkeiten orientieren bei *Luther* und *Arens* l. c.

Verweißlichung und im unteren Teil *VS* in einer zunehmenden Verschwärzlichung (vgl. die Betrachtungen S. 20 u. 44).

Da unter den Pigmenten gleicher Reizart *(SO)* (vergl. S. 28 u. 46) nach Schrödinger[1]) die Optimalfarben diejenigen mit größtem Farbgewicht und größter Helligkeit sind, so umgrenzt die Optimalfarbenkurve *alle* Körperfarben des von uns gewählten Farbtones. Alle nicht optimalen Farbreizvalenzen liegen also innerhalb der durch *SW* und die Kurve abgegrenzten Fläche.

Stellt man die Farbreize als solche im Dreieck *VWS* dar, so bilden die Dreieckskoordinaten v, w, s nunmehr die Ostwaldschen Bestimmungsstücke Schwarz-, Weiß- und Vollfarbenanteil.

Der betrachtete Schnitt läßt sich zu dem *Luther-Nybergschen Pigmentfarbenkörper* selbst vervollständigen, indem man über dem Dreieck, Abb. 28,

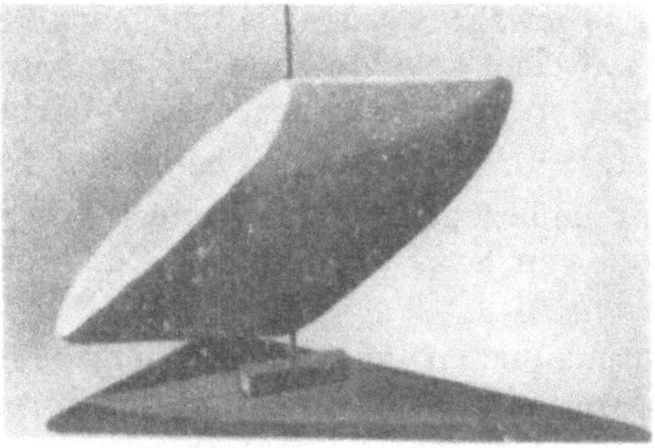

Abb. 31. Reizmetrische Pigmentfarbkörper nach *Luther-Nyberg* (nach *Richter*, S. 112)

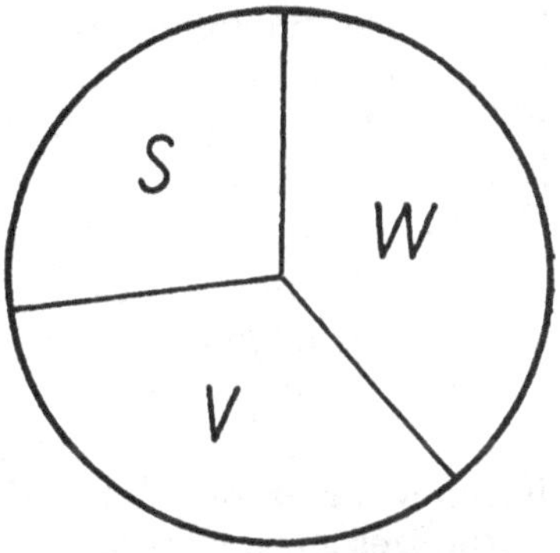

Abb. 32 (schematisch) Der Farbenkreisel

die Schnitte in Richtung der verschiedenen Wellenlängen des Spektralfarbenzuges um die Achse *SW* als Drehachse (Abb. 30) aneinanderreiht.

Der Körper ist in Abb. 31 abgebildet.

Man sieht, daß der Körper eine gewisse Symmetrie besitzt, weil die Schnitte von Farbreiz und Gegenfarbreiz zentralsymmetrische Form haben.

Nach Richter ergeben sich nun aus der Geometrie des Dreiecks *VWS*, wenn man auf der Ordinate nicht die Eichreizsumme $\bar{x} + \bar{y} + \bar{z}$ aufträgt sondern $\bar{y}$[2]) folgende Formeln:

$$v = \frac{M_F}{M_V} = \frac{\sqrt{(\bar{y} - \bar{x})^2 + (\bar{y} - \bar{z})^2}}{\sqrt{(\bar{y}_v - \bar{x}_v)^2 + (\bar{y}_v - \bar{z}_v)^2}} \quad \text{vgl. S. 41/42 (7) und (10)}$$

$$w = (\bar{y} - v\,\bar{y}_v) : 100, \tag{1}$$

$$s = 1 - (v + w).$$

[1]) *Schrödinger*, Ann. d. Phys. 62, 603, 1920. Der Beweis muß hier nachgelesen werden.

[2]) Diese Änderung kann man einführen, ohne daß sich die geometrischen Beziehungen am Dreieck grundsätzlich ändern (vgl. *M. Richter* und *H. Arens* l. c.).

Dabei bedeuten v, w und s die Ostwald-Bestimmungsstücke, $\bar{x}$, $\bar{y}$ und $\bar{z}$ die Normalreizbeträge der zu prüfenden Farbreizvalenz und $\bar{x}_v$, $\bar{y}_v$ und $\bar{z}_v$ diejenigen der farbtongleichen Vollfarbe V, ferner M_F und M_V die Farbmomente der Farbreizvalenzen F und V. Diese Maßzahlen lassen sich in Abhängigkeit von der farbtongleichen Wellenlänge ein für allemal tabellieren, durch Nomogramme[1]) oder graphisch mit Hilfe des Optimalfarbendiagrammes Abb. 29 ermitteln. Wir verweisen auf unsere Ausführungen S. 45.

Wir hatten S. 20ff. gesehen, daß die Vollfarbe empfindungsgemäß vermutlich — wenn auch in sehr geringem Maße — noch etwas schwarz- und weißverhüllt ist. Um ein ideales Ostwaldsystem zu schaffen, müßte man eigentlich folgerichtig als „Farbsektor" einen Farbreiz wählen, welcher empfindungsgemäß weder Schwarz- noch Weißverhüllung verursacht. Um die Weißverhüllung tunlichst zu eliminieren, muß man von der Vollfarbe zum Spektralreiz übergehen[2]). Die Helligkeit des Spektralreizes soll nun in weißer oder (genormter) natürlicher Umgebung so gewählt werden, daß die bewußte Farbempfindung gerade an der Grenze zwischen Leuchten und Schwarzverhüllung steht (vgl. S. 15ff. und H. Arens l. c.). Ist nun diese „Vollst"-Farbe $\overline{V}$ bekannt, so trägt man sie in das Diagramm Abb. 30 ein und berechnet die neuen Vollfarben-Weiß- und Schwarzanteile bezogen auf das Dreieck $\overline{V}WS$ nach Gleichungen, die den Richterschen von S. 47 analog sind. Nur muß M_v und $\bar{y}_v$ durch $M_{\bar{v}}$ und $\bar{y}_{\bar{v}}$ ersetzt werden.

Wir wollen uns im folgenden veranschaulichen, wie für eine gegebene Farbreizvalenz die Ostwald-Maßzahlen mit der Remissionsfunktion ihres Farbreizes zusammenhängen.

Abb. 33 stellt die Remissionskurve a eines Farbreizes F dar. Es ist im allgemeinen möglich, eine zweite Remissionskurve (b) zu konstruieren, die folgende Eigenschaften besitzt:

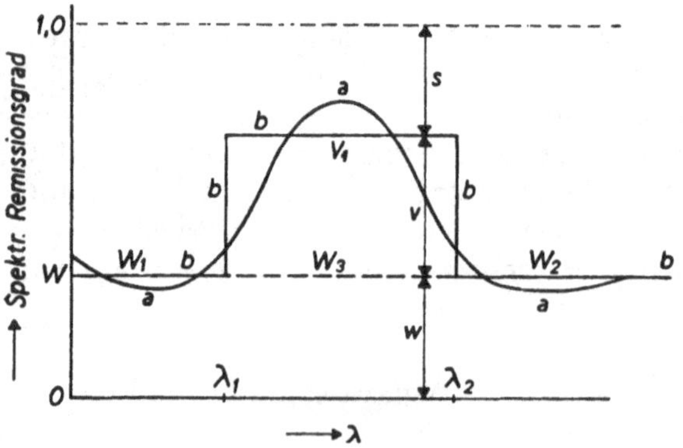

Abb. 33. *Ostwald*sche Bestimmungsmethode

1. Der so entstehende Farbreiz F' sieht trotz verschiedener physikalischer Zusammensetzung ebenso aus wie F, d. h. die Farbreizvalenzen, die den verschiedenen Kurven a und b entsprechen, sind „bedingt" gleich (S. 12).

2. Die Kurve (b) besitzt eckige Form. Sie enthält einen horizontalen niedrigen Teil $W_1 W_2$ und einen erhöhten Teil V_1 mit konstantem spektralen Remissionsgrad.

[1]) *M. Richter*, Das Licht 14, 92, 1944.

[2]) Absolut weißfrei sind (vgl. *Richter*, S. 158ff.) auch die Spektralfarben nicht. In der Praxis läßt sich aber die Weißverhüllung nicht entfernen.

3. Die Grenzen λ_1 und λ_2 des erhöhten Teiles V_1 liegen bei Gegenwellenlängen[1]).

Die idealisierte Kurve b kann nun folgendermaßen interpretiert werden: Der Kurventeil W_1 und W_2, vervollständigt durch den gestrichelten Teil W_3, stellt einen Weißreiz dar. Die Menge kann durch die Ordinate w charakterisiert werden. Der Kurventeil V_1 (oberhalb W_3) kann aufgefaßt werden als abgedunkelte Vollfarbe. Die Vollfarbe ist nämlich nicht mit vollem spektralen Remissionsgrad 1 vertreten, sondern nur mit dem Betrage v. Der gesamte Kurvenzug $W_1 + V_1 + W_2$ stellt die additive Mischung vom Weißanteil, der durch die Kurve $W_1 W_3 W_2$ repräsentiert wird, und dem Vollfarbenteil mit dem spektralen Remissionsgrad v dar. Der Ordinatenteil s endlich ist ein Maß für den Schwarzanteil des Gesamtkurvenzuges, da $v + w + s = 1$ ist. s, v, w sind identisch mit den Ostwald-Bestimmungsstücken der Farbreizvalenzen b und gleichzeitig natürlich mit denen der Farbreizvalenz von a.

Die alte Methode von Ostwald zur Bestimmung von v, w, s geht nicht von der idealisierten Kurve $W_1 V_1 W_2$, Abb. 33, sondern von der Kurve a aus und nennt s den Ordinatenabstand des Kurvenmaximums von der Horizontalen durch den Ordinatenwert 1,0; w ist der Ordinatenabstand des Kurvenminimums von der λ-Achse; v bildet dann entsprechend $1 - (s + w)$ den Ordinatenabstand vom Maximum zum Minimum der Kurve. Diese Werte sind, wie man sieht, nicht gleich denen, die sich aus der idealisierten Kurve ergeben.

e) Die Maßzahlsysteme

Es ist möglich, eine große Reihe von Maßzahlsystemen aufzustellen, mit denen man die Farbreizvalenzen darstellen kann. Mit einigen von ihnen haben wir uns schon früher beschäftigt, wir wollen sie aber der Übersicht halber noch einmal aufführen.

1. Die trichromatischen Farbmaßzahlen

Zu den trichromatischen Farbmaßzahlen gehören z. B. die drei Normalreizbeträge

$$\bar{x} \quad \bar{y} \quad \bar{z}.$$

Mit diesen drei Zahlen ist eine Farbreizvalenz vollständig beschrieben.

2. Helmholtz-Maßzahlen

Die Normalreizanteile

$$x \quad y \quad z$$

bestimmen eine Farbreizvalenz nicht vollständig, da ja gemäß der Gleichung

$$x + y + z = 1$$

[1]) Daß eine solche Kurve b zu a existiert, läßt sich aus der Hebelbeziehung im Farbendreieck und den Betrachtungen über das *Luther*sche Farbmoment ableiten.

eine der Größen durch die anderen beiden bestimmt ist. Es muß also neben zweien dieser Normalreizanteile noch eine dritte Maßzahl hinzutreten. Am zweckmäßigsten wählt man hierzu den mittleren Normalreizbetrag $\bar{y}$, welcher ein Maß für die Helligkeit der Farbreizvalenz darstellt.

Wir erinnern daran, daß man durch die Normalreizanteile eine große Reihe von Farbreizvalenzen „gleicher Reizart" darstellt, die sich alle durch ihre Helligkeit unterscheiden (S. 28).

Im Gegensatz zu der zuerst dargestellten Art durch die drei Normalreizbeträge hat man durch die zweite Darstellung an Anschaulichkeit gewonnen. Denn einmal hat man den Ort im Dreieck und damit die Lage der Farbreizvalenz gegenüber dem Weißpunkt und dem Spektralfarbenzug festgelegt. Je näher der Farbreizort dem Weißpunkt liegt, um so weißlicher und je näher er dem Spektralfarbenzug liegt, um so „gesättigter" ist der Farbreiz. Quantitativ in dieser Hinsicht wird die Farbreizvalenz durch die *Helmholtz-Maßzahlengruppe* bestimmt: Verbindet man im Farbdreieck (Abb. 34) den Unbuntpunkt W mit dem Farbort F und verlängert über F hinaus bis zum Spektralfarbenzuge (Punkt S), so kann man auf Grund der Hebelbeziehung den Farbreiz mit der Farbreizvalenz F auffassen als additive Mischung von Weißreiz (W) und dem Spektralreiz (S). Unterstützen wir in W, hängen an S das Farbgewicht der Spektralreizvalenz $(\bar{x}_s + \bar{y}_s + \bar{z}_s)$ und lassen wir in entgegengesetzter Richtung in F das Farbgewicht $(\bar{x} + \bar{y} + \bar{z})$ von F angreifen, so herrscht Gleichgewicht, wenn

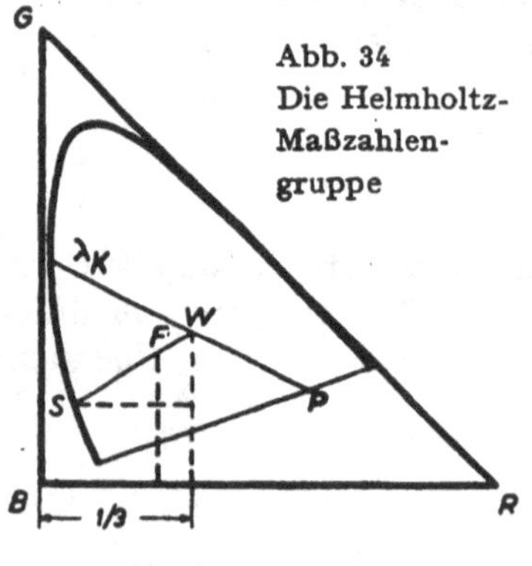

Abb. 34
Die Helmholtz-Maßzahlengruppe

$$(\bar{x} + \bar{y} + \bar{z})\, FW = (\bar{x}_s + \bar{y}_s + \bar{z}_s)\, SW$$

ist (vgl. S. 28).

Da aber aus leicht einzusehenden geometrischen Gründen

$$\frac{FW}{SW} = \frac{x - 1/3}{x_s - 1/3} = \frac{y - 1/3}{y_s - 1/3}$$

(der Unbuntpunkt besitzt die Normalreizanteile $x = y = z = 1/3$)

ist, so folgt, daß das Verhältnis des Farbgewichtes der in F enthaltenen Spektralreize zum Gewicht der Farbreizvalenz selbst sich ergibt

$$\sigma = \frac{x - 1/3}{x_s - 1/3} = \frac{y - 1/3}{y_s - 1/3} = \frac{\bar{x}_s + \bar{y}_s + \bar{z}_s}{\bar{x} + \bar{y} + \bar{z}}.$$

Wir nennen diese Zahl den *spektralen Farbanteil*.

Aus

$$\frac{\bar{x} + \bar{y} + \bar{z}}{\bar{x}_s + \bar{y}_s + \bar{z}_s} = \frac{y_s - 1/3}{y - 1/3}$$

und

$$\frac{\bar{x}}{\bar{y}} = \frac{x}{y}; \quad \frac{\bar{z}}{\bar{y}} = \frac{z}{y} \quad \text{und} \quad \frac{\bar{x}_s}{\bar{y}_s} = \frac{x_s}{y_s}; \quad \frac{\bar{z}_s}{\bar{y}_s} = \frac{z_s}{y_s}$$

läßt sich leicht ableiten:

$$p = \frac{\bar{y}_s}{\bar{y}} = \frac{y - 1/3}{y_s - 1/3} \cdot \frac{y_s}{y} = \frac{x - 1/3}{x_s - 1/3} \cdot \frac{y_s}{y}. \tag{1}$$

Wir nennen diese ebenfalls sehr anschauliche Größe die *„spektrale Farbdichte“* p. Sie stellt das Verhältnis der Leuchtdichte der in der Farbreizvalenz enthaltenen Spektralreizvalenz zur Leuchtdichte der Farbreizvalenz selbst dar $\left(\frac{y_s}{y}\right)$. Die in der Farbreizvalenz $(\bar{x}\,\bar{y}\,\bar{z})$ enthaltene Spektralreizvalenz $(x_s y_s z_s)$ war auf S. 41 f. definiert als diejenige Farbreizvalenz des Spektralreizes, die wir zu Unbuntreiz $(\bar{x}_w\,\bar{y}_w\,\bar{z}_w)$ addieren müssen, um die Farbreizvalenz $(\bar{x}\,\bar{y}\,\bar{z})$ zu erhalten. Dabei gilt natürlich

$$\bar{x}_w = \bar{x} - \bar{x}_s, \quad \bar{y}_w = \bar{y} - \bar{y}_s, \quad \bar{z}_w = \bar{z} - \bar{z}_s.$$

Es sei betont, daß σ von dem gewählten Eichreizsystem abhängt, dagegen p nicht. σ und p sind Ausdrücke für die *Farbsättigung*.

Die Wellenlänge λ_f an der Stelle S nennen wir die *farbtongleiche Wellenlänge* (vgl. S. 44). Sie ist also die Wellenlänge des Spektralreizes, welchen wir zum Weißreiz mischen müssen, um unsere Farbreizvalenz F zu erhalten. Der Spektralfarbenzug bildet keine geschlossene Kurve. Die Enden sind durch eine Gerade verbunden, welche die Purpurtöne kennzeichnet. Sie stellt die additiven Mischungen der Spektralendreize dar. Verbindet man (z. B. in Abb. 25) die Enden der Spektralkurve (400 mμ und 700 mμ, oder genauer bei 380 mμ und 780 mμ) mit dem Unbuntpunkt W und verlängert bis zur Spektralkurve, so erhalten wir zwei Punkte (569 und 495 mμ), welche diejenigen Teile des Spektrums begrenzen, zu denen keine Gegenwellenlängen existieren. Zu ihnen sind eben die Purpurtöne Gegenfarben. Die Kennzeichnung der Purpurfarben erfolgt durch die zu ihnen gehörige Gegenwellenlänge λ_K.

Man hüte sich davor, auszusagen, daß die Farbe F *empfindungsgemäß* den gleichen Farbton wie den der Strahlung bei λ_f besitze. Denn beim Zumischen von Weiß zu einem Spektralreiz ändert sich u. U. der Farbton empfindungsgemäß etwas. Vielmehr ist λ_f bzw. λ_K *reizmetrisch* in obigem Sinne definiert.

Die *Helmholtz-Maßzahlen* für eine Farbreizvalenz sind nun:

die farbtongleiche Wellenlänge λ_f bzw. λ_K
der spektrale Farbanteil σ bzw.
die spektrale Farbdichte p und
die Helligkeit $\bar{y}$.

Diese Zahlen sind an sich recht anschaulich, geben aber die Empfindung wie alle reizmetrischen Maßzahlen grundsätzlich nicht quantitativ wieder.

3. Die Ostwald-Maßzahlengruppe

Diese Gruppe haben wir schon eingehend auf S. 47 f. betrachtet. Um es zu wiederholen: Die Farbreizvalenz wird dargestellt durch Schwarz- und Weißanteil s und w bezogen auf den Vollfarbenanteil V. ($v + w + s = 1$). Als dritte Maßzahl wählt man zweckmäßig irgendeine Kennzeichnung des Farbtones. Also etwa die farbtongleiche Wellenlänge λ_f.

f) Apparaturen zur Bestimmung der Farbmaßzahlen

Zur Bestimmung der Farbmaßzahlen stehen folgende Apparate zur Verfügung. Mit Hilfe der bekannten Spektralphotometer bestimmt man die Remissionsfunktion von Pigmenten bzw. die Transparenz von Durchlaßfarben. Aus den Kurven berechnet man in oben angegebener Weise die trichromatischen Farbmaßzahlen (vgl. S. 36f.) (*Spektralverfahren*).

Man kann ferner mit Hilfe von Dreifarbenmischapparaten die Farbreize durch die additive Mischung von drei festen Eichreizen (etwa Rot, Grün, Blau) nachmischen und nach der Rechenregel 4) auf S. 31 aus den bekannten trichromatischen Daten der drei festen Farben die trichromatischen Maßzahlen des Prüflings im IBK-System berechnen.

Eine weitere, leider zu wenig geübte Methode bedient sich des *Optimalfarbenkolorimeters von Rösch* (*Richter* S. 129). Sie beruht auf folgendem:

Jede Farbreizvalenz einer Körperfarbe kann man auf Grund der Betrachtungen von S. 46 ausdrücken durch eine mehr oder weniger abgedunkelte Optimalfarbe gleichen Farbtones (vgl. Abb. 35). Sie liegt im farbtongleichen Schnitt durch den Pigmentfarbenkörper nach Luther (Abb. 30) auf der Verbindungslinie der Optimalfarbe O mit dem S-Punkt (Schwarzpunkt).

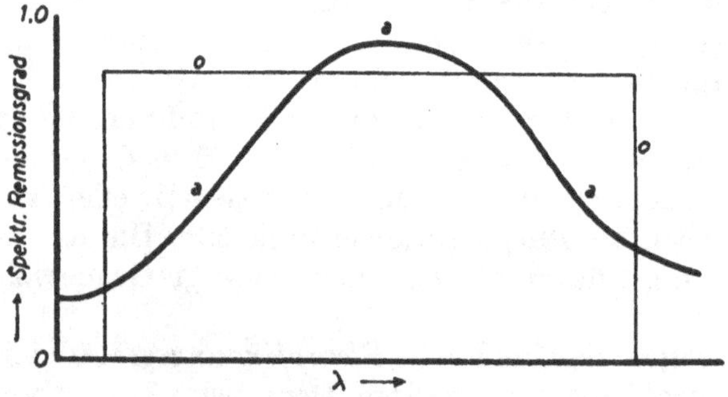

Abb. 35 (schematisch). Nachahmung eines Farbreizes mit der Remissionsfunktion *a* durch den Optimalfarbenreiz *O*, dessen spektraler Remissionsgrad um einen bestimmten Betrag vermindert ist (vgl. S. 19ff.)

Das Spektralgemisch des Farbreizes O läßt sich mit Hilfe eines geeigneten Spektralapparates leicht ausblenden. Dieses Strahlengemisch besitzt dann die gleiche Farbreizvalenz wie das Strahlungsgemisch des Prüflings. Aus der Breite, Lage und Höhe des Spektralbereiches lassen sich graphisch (aus dem Optimalfarbendiagramm Abb. 29) die trichromatischen und daraus alle weiteren Maßzahlen bestimmen. Die Methode von Rösch hat gegenüber der Dreifarbenmischmethode den Vorteil der größeren Lichtstärke. Bei der letzten Methode spielt die Farbtüchtigkeit des Beobachters eine gewisse Rolle. Selbst die „Farbtüchtigen" unterscheiden sich in nicht unbeträchtlichem Maße. Das zeigte sich besonders bei der Aufstellung der Normalreizkurven. Bekanntlich bilden diese Kurven das Mittel aus einer größeren Reihe von Beobachtern. Da sich nun die Kurven *a* und *O* der Abb. 35 mehr ähneln als diejenigen von *a* und einer Nachmischung aus drei Farbreizen, wie sie bei der Dreifarbenmischmethode verwandt werden, spielt die schwankende Farbentüchtigkeit bei der Röschmethode eine geringere Rolle wie bei der Dreifarbenmischmethode.

Natürlich ganz unabhängig von der Farbtüchtigkeit des Beobachters ist das zuerst genannte spektralphotometrische Verfahren und das nunmehr zu beschreibende Helligkeitsverfahren mit der *Dresler-Zelle*[1]). Es handelt sich hierbei um eine objektive Meßmethode mit drei Photozellen, deren Empfindlichkeiten mit Hilfe von Filtern den drei Normalreizkurven angepaßt sind. Es leuchtet ein, daß man mit diesem Verfahren sehr schnell die drei Werte $\bar{x}$, $\bar{y}$, $\bar{z}$ direkt bestimmen kann, wenn man sie der Reihe nach mit der Strahlung des zu prüfenden Farbreizes beleuchtet. Diese Methode kann grundsätzlich mit jedem für sichtbare Strahlung lichtempfindlichen Material, z. B. mit der photographischen Platte, aber auch mit dem Auge selbst ausgeführt werden, indem man auch hier durch Filterung die Empfindlichkeit des Instrumentes den Normalreizkurven anpaßt. Man faßt diese Verfahren allgemein unter dem Begriff „*Helligkeitsverfahren*" zusammen. Der Ausdruck leitet sich von der Methode, bei der man das Auge als Beobachtungsapparat wählt, ab, da die Messung auf Helligkeitsvergleiche hinausläuft. Diese Augenmethode ist natürlich wieder von der Farbtüchtigkeit des Beobachters abhängig.

Es gibt noch eine große Reihe weiterer Apparate, mit deren Hilfe man die Farbmaßzahlen gewinnen kann. Wir verweisen auf die vorzügliche Zusammenstellung in Richter (S. 115ff.).

B. *Empfindungsgemäße Farbmetrik*

a) Grundsätzliches

Wir hatten gesehen, daß die Farbreizmetrik mit ihren physikalisch aufgebauten Maßräumen in einigen Fällen zwar mit der Empfindung qualitativ parallel geht (Ostwald-System), daß die Farbreizmetrik jedoch die Empfindung selbst nicht *quantitativ* zu charakterisieren vermag. Dazu kommt, daß in anderen Fällen die Farbreizmetrik überhaupt kein anschauliches Bild für die Empfindung liefert (vgl. S. 39). Es fragt sich daher, welchen Wert die Farbreizmetrik allgemein und speziell für die Photographie besitzt.

Allgemein hat die Farbreizmetrik den Zweck, eine Farbe eindeutig zu kennzeichnen, so daß man in der Lage ist, unabhängig von dem wandelbaren Gedächtnis für die Farbempfindung an Hand der Zahlen die Farbreizvalenz jederzeit zu reproduzieren. Das kann mit Hilfe einer Farbtafel oder eines Farbmischapparates geschehen. Ferner dient die Farbreizmetrik dazu, sich über die Farbe verständigen zu können, d. h. daß man nicht mehr die empirischen Farbbezeichnungen benutzt, sondern die reizmetrischen Maßzahlen, was z. B. auch bei der Bestellung von farbigen Gegenständen eindeutige Verhältnisse schafft.

In der Farbenphotographie wurde die Farbreizmetrik in der Weise angewandt, daß man den Vergleich von Original und farbphotographischer Wiedergabe durch die Angabe ihrer reizmetrischen Daten ausführt, weil der primitive unmittelbare Vergleich von Original- und Wiedergabefarbe ungenügend ist. Insbesondere ist es bei verschwärzlichten und verweißlichten Farben ohne Messung fast unmöglich, Aussagen über die Güte der Wiedergabe zu machen, während die reizmetrischen Daten darüber einen gewissen Aufschluß geben.

Bei der Frage, welche Farben durch die Farbenphotographie überhaupt darstellbar sind, spielt die geometrische Darstellungsmethode der Farbreizmetrik eine große Rolle. Auch der Zusammenhang zwischen Aufnahme- und Wiedergabefilter bzw. Wiedergabefarbstoffen läßt sich reizmetrisch berechnen.

Wichtig erscheint uns nun die Frage, ob in der Photographie die Farbreizmetrik oder *empfindungsgemäße* Farbmetrik vorzuziehen ist (vgl. S. 22ff.). Nach unserer Auffassung ist die empfindungsgemäße Farbmetrik grundsätzlich (für alle Farbengebiete) die wichtigere. Insbesondere sollte bei der Farbenphotographie die Frage nach dem Unterschied zwischen Original- und Wiedergabefarbe nur mit der empfindungsgemäßen Metrik behandelt werden. *Leider ist dieses Gebiet bei weitem noch nicht so eindeutig und genau ausgebaut wie die Reizmetrik.* Die Gründe hierfür werden wir weiter unten kennenlernen.

Ein sehr wichtiges Moment, welches trotz des Übergewichtes der Empfindungsmetrik den Wert der Farbreizmetrik begründet, ist noch das folgende: Selbst wenn es einmal gelänge, die empfindungsgemäße Farbmetrik auszubauen, so würde zwar bei der Bewertung der Farben einzig und allein diese angewandt. Aber die Meßmethoden hierfür mit den Empfindungsmaßstäben von S. 22ff. würden für laufende Arbeiten zu umständlich sein. Wir gehen darauf noch näher ein. Man müßte vielmehr so vorgehen, daß man den reizmetrischen Farbenraum ein für allemal mit den empfindungsgemäßen Zahlen kennzeichnet und die Resultate an Hand einer Tabelle oder, wenn möglich, durch eine Umrechnungsformel festlegt. So werden für jede Farbe die reizmetrischen und empfindungsgemäßen Daten im Zusammenhang gebracht. Der Praktiker würde dann nach wie vor die reizmetrischen Maßzahlen bestimmen und aus der Tabelle bzw. mit Hilfe der Formel die empfindungsgemäßen Daten feststellen. Damit behielte die Reizmetrik trotz Einführung der Empfindungsmetrik ihre volle Bedeutung. Was im einzelnen darunter gemeint ist, wird durch das folgende deutlicher.

Wir wollen an Hand einer Reihe von idealen Versuchen die grundsätzlichen Forderungen beschreiben, die bei der Ausarbeitung eines empfindungsgemäßen Maßsystems gestellt werden müssen. Wir betonen, daß die Beschreibung mehr grundsätzlicher als praktischer Art ist, obwohl für die Praxis manche Gesichtspunkte dabei verwendbar sind.

Um ein empfindungsgemäßes Maßsystem auszuarbeiten, benötigt man einmal *einen großen Stab* von möglichst international zusammengesetzten, farbentüchtigen *Versuchspersonen*, welche hauptamtlich angestellt sind. Mit ihrer Hilfe muß, *als erste Aufgabe*, die Beobachtungsart normiert werden. Hierbei sind grundsätzlich folgende Gesichtspunkte zu berücksichtigen:

Wir hatten schon auf S. 7 auf den verhängnisvollen Einfluß der verschiedenen Erscheinungsweisen der Farben hingewiesen. So sind z. B. eine gegewisse gesättigt gelborange gefärbte matte und eine goldfarbene glänzende Fläche reizmetrisch gleichwertig, empfindungsgemäß unter Mitberücksichtigung der Struktur des farbigen Körpers aber verschieden. Wir müssen die Struktur des farbigen Körpers auch hier eliminieren und die Farbe als „freie Farbe" (oder als Flächenfarbe) beobachten. Wir sehen eine „freie Farbe", wenn eine Fläche von ihr gleichmäßig und strukturlos erfüllt ist. Um das zu erreichen, muß man die zu beobachtenden Flächen mit einer Linse in der Ebene der Augenpupille abbilden (Maxwellsche Beobachtungsmethode, vgl. Normblatt DIN 5033). Unter diesen Umständen sehen die oben genannten beiden Farben völlig gleich aus. Die Maxwellsche Beobachtungsmethode liegt im allgemeinen bei optischen Apparaten vor. Bei ihr wird automatisch die störende Struktur des zu beobachtenden Gegenstandes ausgeschaltet.

Wie wir aber sahen, geht hierbei, da wir bei dunklem Umfeld beobachten, die Schwarzverhüllung verloren (s. S. 15ff.). Das ist für die reizmetrische Messung an sich gleichgültig. Nachträglich läßt sich aus den Daten, die wir im Apparat gewinnen, der Ostwaldsche Schwarzanteil, falls wir auf ihn Wert legen, wieder berechnen.

Nun ist es aber bei der Ausarbeitung eines empfindungsmetrischen Systems notwendig, zwei Farben unabhängig von ihrer Struktur so zu beobachten, daß, ihr normaler Farbeindruck in gewohnter Umgebung gewahrt bleibt, z. B. die Schwarzverhüllung nicht verloren geht. Um eine einwandfreie Beobachtung zu erreichen, kann man u. a. folgende Methoden anwenden: Man betrachtet die Farbfläche durch das Loch eines neutralen Schirmes, wobei Auge und Farbfläche genügend weit vom Schirm entfernt sind, so daß sie bei Akkommodation auf die Ebene des Schirmes unscharf erscheint. Die Farbfläche muß genau so beleuchtet sein wie der Schirm. Auf diese Weise beobachtet man zwar die freie Farbe, aber ohne Elimination der Schwarzverhüllung. Es gibt aber noch andere Methoden für die Praxis, die wir unten beschreiben. Man projiziert farbiges Licht auf möglichst strukturlose Schirme (z. B. Milchglasscheiben), und beobachtet sie aus größerer Entfernung.

Damit sind nun aber die Beobachtungsbedingungen für die Aufstellung empfindungsgemäßer Farbmaßzahlen noch nicht erschöpft. Die Empfindungsmaßstäbe sind variabel mit der Intensität der Beleuchtung und der Art der Umgebung. Es ist notwendig, daß man sich in dieser Hinsicht vor Beginn der eigentlichen Versuche einigt und vorschreibt, daß die empfindungsgemäße

Beurteilung der Farben in der Praxis nur unter diesen genormten Umständen zu erfolgen hat[1]).

Die Farben selbst werden möglichst nicht durch Anstriche, sondern durch Beleuchtung weißer Flächen mit Hilfe eines Spektralprojektionsapparates hergestellt. In der Ebene des Spektrums wird eine variable Blende eingeführt. Die durchgelassenen Spektralreize werden additiv gemischt auf die weiße Fläche projiziert.

Nach bzw. neben dieser Ausarbeitung der Beobachtungsnorm ist vor allem die Frage zu klären, ob und in welchem Umfange Empfindungsmaßstäbe überhaupt herstellbar sind. Daß man empfindungsgemäß gleichabstufige Farbreihen ausbilden kann, ist wiederholt bestätigt worden. Es ist aber zu prüfen, ob der Maßstab seine empfindungsgemäße Gleichabständigkeit beibehält, wenn man in gleichen Abständen gewisse Stufen herausnimmt, oder neue Unterstufen hinzufügt. Sehr wichtig ist auch die Frage, ob die Maßstäbe, welche aus aufeinanderfolgenden eben merklichen Unterschieden entstanden sind, den gröber aufgebauten Maßstäben gleichwertig sind, daß also z. B. die gleiche Anzahl von Schwellenstufen zu gleich großen gröberen Stufen zusammengestellt werden kann.

Nach diesen und noch anderen hier nicht erwähnten, unbedingt vorher zu erledigenden Arbeiten gehen wir zur eigentlichen Aufgabe über[2]). Wir stellen zwei Forderungen auf: Die empfindungsgemäße Farbmetrik soll

1. *ein zahlenmäßiges Kennzeichen der Farbempfindung* geben (Empfindungsgemäße Charakterisierung *einer* Farbe),

2. *den Empfindungsunterschied von zwei Farben zahlenmäßig ausdrücken* (Empfindungsgemäßer Abstand *zweier* Farben).

b) Empfindungsgemäße Charakterisierung einer Farbe

Wir halten es für zweckmäßig, an einer Farbe diejenigen empfindungsgemäßen Merkmale zur Charakterisierung heranzuziehen, welche unmittelbar und daher grundsätzlich ins Auge springen[3]).

Im Sinne Ostwalds erkennen wir empfindungsgemäß an einer Farbe

1. die Schwarzverhüllung,
2. die Weißverhüllung,
3. den Farbton.

Wenn wir die Schwarzverhüllung zahlenmäßig erfassen wollen, so müssen wir von Farben mit der Schwarzverhüllung (und Weißverhüllung) Null aus-

---

[1]) Wir sind der Ansicht, daß man von der Beobachtung der Farben direkt auf einer Hintergrundswand abgehen soll, sondern sie schwebend im freien Raume, in welchem sich neben der Farbfläche noch weitere (vielleicht neutralgraue oder nur leicht getönte) Gegenstände befinden, betrachten.

[2]) Die folgenden Überlegungen entstanden aus gemeinsamen Diskussionen mit Dr. *W. Schultze*).

[3]) Vergleiche indessen zu dieser Frage *M. Richter:* Untersuchungen zur Aufstellung eines empfindungsgemäß gleichabständigen Farbsystems. Z. f. wiss. Phot. **45** 139, (1950). In dieser beachtenswerten Arbeit werden mehrere hierhergehörige Probleme behandelt.

gehen. Die Vollfarben sind hierzu theoretisch nicht geeignet, weil sie vermutlich noch nicht die „buntesten" Körperfarben sind, sondern noch Schwarzverhüllung zeigen, wenn auch in sehr geringem Maße. Wir sind gezwungen, zur Spektralfarbe überzugehen. Damit wird einmal die Weißverhüllung soweit wie möglich eliminiert. Diese Spektralfarbe wird dann in der genormten Umgebung in solcher Helligkeit dargeboten, daß sie noch nicht den Eindruck der Schwarzverhüllung, aber auch noch nicht denjenigen des Leuchtens verursacht (vgl. S. 15ff.). In diesem Sinne werden sämtliche Spektralfarben und die Purpurtöne, die wir durch additive Mischung der Spektralenden erzeugen, durchgeeicht. Wir glauben, daß dies von den Versuchspersonen mit guter Mittelbildung bewerkstelligt werden kann. Von den Resultaten werden die reizmetrischen Daten, zwecks Reproduzierbarkeit der Farben, festgelegt. Wir wollen die so entstehenden Farben die „Vollstfarben" nennen.

Zur empfindungsgemäßen Festlegung des Farbtones benötigen wir die Lage der *Urfarben* (Rot, Gelb, Grün, Blau) im Spektrum. Wir projizieren zu diesem Zwecke entsprechende Teile des Vollstfarbenspektrums auf unsere genormte Projektionswand und stellen der Versuchsperson die Aufgabe, die Urfarben zu ermitteln. Obwohl nur farbentüchtige Versuchspersonen ausgewählt wurden, werden die Angaben hier bezüglich der Stelle des Spektrums weitgehend variieren. Man wird dann Mittelwerte für die Wellenlängen aufstellen und nun nur diejenigen Versuchspersonen für die Weiterarbeit beibehalten, welche diesem Mittelwerte nahekommen.

Die zahlenmäßige Auswertung des Farbtones geschieht durch seine in ihm enthaltenen Urfarben folgenderweise (*Urfarbenton*). Mit Hilfe des Spektralapparates projiziert man an die weiße Wand eine urrote und in einem gewissen Abstand eine urgelbe Vollstfarbe. Dann läßt man die Versuchsperson zwischen den beiden farbigen Feldern ein Vollstorangefeld so herstellen, daß es empfindungsgemäß *bezüglich des Farbtones* genau in der Mitte zwischen dem roten und dem gelben liegt. Diesem neuen Felde müssen wir naturgemäß gleiche Rot- und Gelbempfindung zuordnen. Zahlenmäßig drücken wir das etwa so aus: (50% Rot und 50% Gelb), wobei wir die Rotempfindung des roten und die Gelbempfindung des gelben Feldes mit (100 % Rot + 0 % Gelb) bzw. (0 % Rot + 100 % Gelb) bezeichnen. Wir fahren nun in der Weise fort, daß wir zwischen den Feldern (100 % Rot + 0 % Gelb) und (50 % Rot + 50 % Gelb) wieder die Mitte suchen. Das neue Feld heißt dann naturgemäß (75 % Rot + 25 % Gelb). Das gleiche machen wir zwischen (0% Rot + 100 % Gelb) und (50% Rot + 50 % Gelb). Wir fahren in dieser Weise fort, bis wir die Felder praktisch dicht genug besetzt haben oder bis wir an der „Empfindungsschwelle" angelangt sind, d. h. an jener Grenze, bei der es nicht mehr möglich ist, noch weitere Felder einzuschalten. Nach Darbietung der Gesamtskala können noch nachträgliche Korrekturen angebracht werden.

Im Grunde haben wir entsprechend S. 22ff. bei dem soeben beschriebenen Versuche einen oder zwei Empfindungsmaßstäbe hergestellt, nämlich einen, in dem die Farbtonempfindung für Rot und einen, in dem die Farbtonempfindung für Gelb gleichmäßig abgestuft sind. Beide Maßstäbe werden gegenläufig kombiniert. Im Grunde hätte man auch so verfahren können, daß man, von der urroten Vollstfarbe ausgehend, die eben unterscheidbaren Farbtöne feststellt, welche zwischen Urrot und Urgelb liegen[1]). Auch sie stellen eine gleichabstufige Empfindungsskala her. Die Punkte lassen sich in gleicher Weise wie oben in einer prozentischen Bezeichnungsweise darstellen, wo eine große Reihe von solchen Beobachtungen beschrieben ist.

Die gleichen Maßstäbe wie zwischen Rot und Gelb stellen wir uns zwischen den anderen Urfarben her.

Ist das geschehen, so legen wir für sämtliche Punkte dieser Maßstäbe die reizmetrische Kennzeichnung für den Farbton, nämlich die (farbtongleiche) Wellenlänge fest.

Das eben ausgeführte Experiment ist noch verhältnismäßig einfach zu bewerkstelligen und ist, wenn auch in anderer Form und Bezeichnungsweise, vielfach versucht worden (vgl. Richter, S. 157ff. und die Ausarbeitung der Dinfarbkarte s. S. 78).

Die beiden folgenden Meßmethoden bergen größere Schwierigkeiten:

Wir müssen jetzt eine Vollstfarbe festhalten und zwischen ihr und Weiß alle rein verweißlichten Stufen *gleichen empfindungsgemäßen Farbtones* in gleichen psychologischen Stufen anordnen. Wohlbemerkt, man darf nicht die „Weißklaren“ (Ostwald) *gleicher farbtongleicher Wellenlänge*, d. h. die additiv mit Weiß vermischten Vollstfarben aneinanderreihen, denn bei diesen kann sich empfindungsgemäß der Farbton ändern. Man verfährt genau so wie oben. Zwischen den Feldern Weiß und Spektralfarbe wird *das* Feld gesucht, welches empfindungsgemäß bezüglich Weißverhüllung in der Mitte liegt. Es entsteht eine Farbe, welche mit (50 % Weiß und 50 % Vollstfarbe) zu bezeichnen ist. In gleicher Weise wird fortgefahren, bis die ganze Maßstabkombination fertiggestellt ist.

Bei diesen Versuchen ist darauf zu achten, daß *nur* weißverhüllte, *schwarzfreie* Farben beobachtet werden. Zu diesem Zwecke muß, ähnlich wie bei den Vollstfarben, die Intensität der Farbe so lange variiert werden, bis man keine Schwarzverhüllung, aber auch kein Leuchten beobachtet.

Schwierig ist bei diesen Versuchen, daß man einmal darauf zu achten hat, daß die Mitte erreicht, aber zweitens auch, daß derselbe Farbton (beides empfindungsgemäß) eingehalten wird. Die Versuchsperson muß also ihre Aufmerksamkeit gegenüber dem vorigen Versuch verdoppeln. Trotzdem mag auch das noch möglich sein, insbesondere wenn ihr die Möglichkeit gegeben ist, den Farbton jeweils mit der gleichfalls dargebotenen Vollstfarbe zu vergleichen.

In ähnlicher Weise, wie wir die Zwischenfarben zwischen idealer Vollstfarbe und Weiß gesucht haben, durchmustern wir die Strecke Schwarz-

[1]) Hierzu soll bemerkt werden, daß man tatsächlich nur auf die Veränderung des Farbtones zu achten hat. Es kann sich gleichzeitig die Helligkeit bei solchen Versuchen ändern, die aber unberücksichtigt bleibt. Daß in dieser Hinsicht Schwierigkeiten entstehen, ist wiederholt in der Literatur betont worden (vgl. *Richter* S. 150ff., insbes. *Klughardt, A.* und *M. Richter*, Z. Sinnesphysiol. 66, 103, 1935).

Vollstfarbe. Zu beachten ist entsprechend auch hier, daß möglichst weißfreie Farben beobachtet werden. Leider hat man hier kein anderes Mittel, als Spektralfarben verschiedener Intensität heranzuziehen. Ganz weißfrei (empfindungsgemäß) sind bekanntlich Spektralfarben nicht. Man müßte diese Weißverhüllung gesondert feststellen und sie in unser System mit hineinbeziehen (vgl. Richter, S. 158f.). Von all den Farben werden, wie oben, die reizmetrischen Daten festgelegt. Das letztere ist natürlich sehr einfach, weil wir gewissermaßen die Remissionsfunktion bzw. die spektrale Energieverteilung unserer künstlichen (Projektions-) Pigmente aus den Daten der Spektrumausblendung kennen.

Nunmehr steigen die Schwierigkeiten, die wir beim zweiten und dritten Schritt kennenlernten, noch weiter, denn wir müssen jetzt die empfindungsgemäß gleich großen Zwischenstufen zwischen je einer festen Graustufe und der Vollstfarbe bestimmen. Hierbei muß man seine Aufmerksamkeit in drei Richtungen anstrengen: Einmal muß der Farbton eingehalten, ferner darauf geachtet werden, daß die richtige Zwischenstufe erreicht wird und drittens, daß die Grauverhüllung immer mit demselben Grau, d. h. dem gleichen empfindungsgemäßen Verhältnis zwischen Schwarz- und Weißverhüllung gewahrt bleibt. Selbstverständlich muß vorher die Schwarzweißreihe ebenfalls empfindungsgemäß, wie oben, angeordnet werden.

Es mag nun die Befürchtung ausgesprochen werden, daß alle diese Schwierigkeiten, insbesondere im letzten Falle, unüberwindlich sind. Indessen muß man bedenken, daß man bei der gedanklichen Aufstellung dieses Systems davon ausgegangen ist, daß man über jede Farbe (etwa eines Anstriches) vorerst qualitativ etwas über die Schwarzweißverhüllung und über den Farbton aussagen und daß man nach einiger Übung sogar ungefähr zahlenmäßig über seine Empfindung Rechenschaft geben kann. Das heißt, daß man von einer Farbe etwa urteilt: Ihr Farbton liegt ungefähr in der Mitte zwischen Rot und Blau, seine Schwarzverhüllung ist nicht sehr groß, sagen wir größenordnungsmäßig 10 %, die Weißverhüllung ist dagegen viel größer, die Farbe liegt etwa $^3/_4$ nach Weiß zu. Warum soll man diese qualitativen Aussagen nicht auch mit einiger Anstrengung und eingehender Übung und insbesondere mit obigen Hilfsmitteln zahlenmäßig zunehmend präzise erfassen können.

Aus all dem kann man andererseits verstehen, daß ein solches System wegen der bestehenden Schwierigkeiten noch nicht aufgestellt ist. Besäße man es aber, so wäre damit die erste der auf S. 56 aufgestellten Forderungen erfüllt, nämlich, daß die Körperfarben (nach Elimination der Struktur) in bezug auf ihre Empfindung gekennzeichnet sind, und zwar *hinsichtlich der bei einer Farbe ins Auge springenden Eigenschaften, Urfarbenton und Unbuntverhüllung.*

Praktisch würde sich, nach Erledigung obiger ein für allemal ausgeführter Versuche, die Bestimmung der empfindungsgemäßen Maßzahlen so zu vollziehen haben, daß man ihre reizmetrischen Daten feststellt und in einer Tabelle die empfindungsgemäßen Maßzahlen abliest. Sollte die Farbe in der

Tabelle nicht vorkommen, so muß man interpolieren. Es muß aber betont werden, daß die Verbindung beider Meßmethoden *grundsätzlich* nicht unbedingt notwendig ist, denn es ist ja möglich, allerdings mit großer Mühe und wenn auch nicht für alle Farben, einen Farbenatlas aus Pigmentfarben zu konstruieren, wobei jedem Gliede die empfindungsgemäßen Daten zugeordnet werden, ohne daß irgendwelche reizmetrischen Daten dabei benutzt werden.

Ostwald hat sehr verdienstvoll versucht, dieses System, abgesehen vom Farbton, zu verwirklichen. Es ist bekannt, daß das nicht einwandfrei gelang. Wir gehen darauf noch weiter ein.

Nun ist man grundsätzlich nicht gezwungen, die Farben in der oben charakterisierten Weise zu kennzeichnen. Anstatt der Schwarzverhüllung kann man als dritte Koordinate auch die Helligkeit wählen. Eine solche Einteilung liegt mit mehr oder weniger gutem Erfolge im Munsell-System vor. Vergleiche auch den jüngsten Versuch von Richter (S. 56 l. c.). Hier wird auch ausführlich begründet, warum er die Helligkeit vorzieht. Wir halten indessen die Art des Aufbaues zwar für berechtigt, aber nicht für so grundsätzlich, weil die Helligkeit von zwei Momenten, nämlich vom Farbton und von der Unbuntverhüllung abhängt. Ein gesättigtes Blau und ein schwarzverhülltes Gelb sind deshalb gleich hell, weil auf der einen Seite das Blau „spezifisch" dunkler und andererseits das Gelb mit dem dunklen Schwarz verhüllt ist. Die Buntheit der beiden Anstriche ist trotz der gleichen Helligkeit grundverschieden, denn das Blau ist eine äußerst bunte, das schwarzverhüllte Gelb eine sehr wenig bunte Farbe. Das Ostwald-System in der von uns zuerst geschilderten Charakterisierung erfaßt diese Momente unseres Erachtens noch grundsätzlicher als ein Helligkeitssystem. Bei der Aufstellung des Munsell-Systems bestehen übrigens genau die gleichen Schwierigkeiten wie oben. Wir kommen auf das Munsell-System noch einmal zurück.

Es sei weiterhin bemerkt, daß die Charakterisierung einer Farbe nicht allein in den obigen relativen Werten zu erfolgen braucht, wobei wir jede vorliegende Farbe gewissermaßen als 100%-Empfindung annahmen und die Komponenten, Farbton, Schwarz- und Weißverhüllung prozentisch einordneten.

Es ist ebenso möglich, durch Einführung von Schwellenstufen eine mehr absolute Charakteristik einzuführen. Die Einteilung der Farbtöne in der von uns in Abb. 1 gewählten Form, bei der aufeinanderfolgende Urfarben um 90° voneinander entfernt stehen, kann auch durch eine andere ersetzt werden: Empfindungsgemäß sind nämlich die Urfarben nicht gleich weit voneinander entfernt. Gelb hat zwar von Rot und Grün ungefähr den gleichen Abstand, dagegen sind Grün und Blau benachbarter und Rot und Blau besonders weit voneinander entfernt. Dem hat man Rechnung getragen, indem man von irgendeiner Urfarbe, z. B. Rot, ausgeht und im Sinne des Uhrzeigers in Empfindungsschwellen (rein bezüglich des Farbtones) vorwärtsschreitet. Ähnliche Bestrebungen findet man hinsichtlich der Abstände der gesättigten Farben von Weiß und Schwarz, die auch wieder nicht gleich groß sind bei verschiedenen Farbtönen. Wir wollen an dieser Stelle nicht darauf eingehen, welche Einteilung die bessere ist, da die Verhältnisse unseres Erachtens sehr kompliziert liegen. Nur sei erwähnt, daß die von uns gewählte Einteilung der Farbtöne nach Abb. 1 insofern eine wesentliche Berechtigung besitzt, als das Gebiet zwischen zwei benachbarten Urfarben als weitgehend abgeschlossen zu betrachten ist (vgl. S. 5f).

c) *Empfindungsgemäßer Abstand zweier Farben*

Nunmehr gehen wir zu der zweiten Forderung über, die wir an eine Empfindungsmetrik stellen müssen, nämlich die zahlenmäßige Erfassung von *Empfindungsunterschieden zweier Farben.* Bei der zuerst betrachteten Art der empfindungsgemäßen Farbmetrik lag immer nur *ein* Prüfling vor, und dieser Prüfling wurde für sich allein charakterisiert. Man könnte nun auf den Gedanken kommen, zwei Farben empfindungsgemäß miteinander zu vergleichen, indem man die auf diese Weise empfindungsgemäß aufgestellten Maßzahlen in Beziehung setzt. Diese Gegenüberstellung ist natürlich zulässig. Man erhält dann etwa von zwei Farben (z. B. Original und Wiedergabe der Farbenphotographie) folgende Aussagen: Während der Farbton des Originals in der Mitte zwischen Rot und Gelb liegt, besitzt die Wiedergabe einen doppelt so gelben Farbton. Die Schwarzverhüllung des Originals ist aber halb so groß wie diejenige der Wiedergabe usw.

Nun muß man sich aber hüten, daraus einen Empfindungsunterschied in bezug auf den „*Gesamteindruck*" der beiden abzuleiten. Nehmen wir einmal an, es lägen zwei Farben vor, ein stark verweißlichtes Blau und ein ebensolches Rot. Die Buntheit ist beidemal so gering, daß der Unterschied im Gesamteindruck der Farben sehr gering ist, denn sie sind beide fast weiß. Würde also ein Maß für den Gesamteindruck vorliegen, so würden sich beide Zahlen wenig unterscheiden. Anders verhält es sich aber bezüglich der oben aufgestellten idealen empfindungsgemäßen Ostwaldzahlen. Hier würden die Maßzahlen für den Farbton außerordentlich differieren, denn die eine Farbe ist Rot, die andere Blau.

Um also Unterschiede im Gesamteindruck zweier Farben F_1 und F_2 (z. B. Original und Wiedergabe) zahlenmäßig zu erfassen — und das ist für die Farbenphotographie von besonderer, wenn nicht ausschließlicher, Wichtigkeit — muß man eine andere Methode anwenden als die obige. Die Schwierigkeiten, welche wir hier vorfinden, sind zwar nicht experimenteller Natur, aber die Versuche sind außerordentlich zeitraubend.

Wir wenden wieder die gleiche Apparatur an wie oben, stellen uns die eine Farbe F_1 her und verändern nun, nach einem gewissen Schema, die Blendenbreite, Blendenlage und Blendenhöhe des Spektralapparates. Auf diese Weise entsteht neben der Farbe F_1 eine neue Farbe F. Lassen wir die Veränderung vorerst nur in geringem Maße vor sich gehen, so kann es sein, daß wir zwischen den beiden Feldern noch keinen Unterschied beobachten. Erst wenn eine gewisse Schwelle überschritten ist, wird ein eben merklicher Unterschied beobachtet. Die zu beiden Farben gehörigen reizmetrischen Daten werden notiert. Nunmehr läßt man von F_1 ausgehend andere Änderungen an den Blenden des Spektralapparates eintreten, und wieder werden nach Erreichung der Schwelle die neuen reizmetrischen Daten festgelegt.

Um nun ein System in die eben noch willkürlich ausgeführten Variationen der Blenden und daher der reizmetrischen Daten zu bekommen, geht man hierbei zweckmäßig nach folgendem Schema vor. Wir denken uns in einem trichromatisch reizmetrischen Farbenraum (Abb. 36) den Punkt F_1 festgelegt und wandern nun nach allen Richtungen von F_1 in geradliniger Richtung sich entfernend fort. Zu diesem Zwecke müssen wir uns aus den reizmetrischen Änderungen, die wir jeweils auf der Geraden erhalten, die Art der Blendenöffnung vorher berechnen, was natürlich möglich ist.

Es entstehen um den Punkt F_1 in den verschiedensten Richtungen (im reizmetrischen Raume) Strahlen. Auf den Enden dieser Strahlen sollen jeweils *die* Farben liegen, welche um eine Empfindungsschwelle von F_1 entfernt stehen. Um F_1 herum wird auf diese Weise eine „Schwellenfläche" kon-

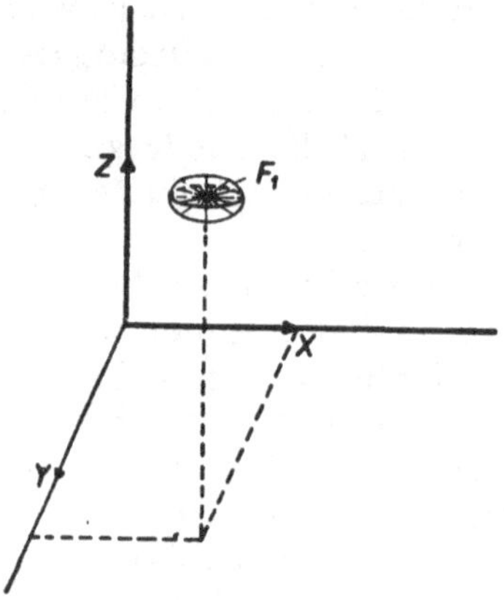

Abb. 36. Die Schwellenfläche im reizmetrischen Raume

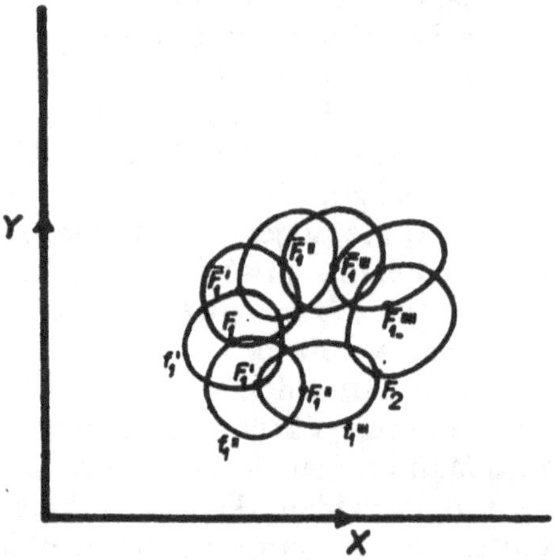

Abb. 37. Konstruktion des empfindungsgemäßen Abstandes

struiert. Alle Farben innerhalb des so entstehenden Körperchens lassen sich von F_1 nicht unterscheiden.

Um die Abbildung nicht zu komplizieren, stellen wir das weitere in der Ebene dar. Die Verhältnisse können sinngemäß auf den Raum übertragen werden (Abb. 37).

Wir gehen aus von F_1 und konstruieren die Schwellenkurve f_1'. Auf dieser Kurve nehmen wir irgendeinen weiteren Punkt F_1' und bestimmen um ihn wiederum die Schwellenkurve f_1'' und fahren in dieser Weise fort. Wenn wir Glück haben, liegt nun F_2, dessen empfindungsgemäße Entfernung von F_1 wir feststellen wollen, auf der Schwellenkurve f_1''' um F_1''. Zählen wir die einzelnen Schwellen ab, so finden wir, daß F_1 von F_2 auf dem von uns beschrittenen Wege um 3 Empfindungsschwellen entfernt liegt.

Dieser Weg war ganz beliebig. Es gibt noch weitere Wege mit einer anderen Anzahl von Schwellen: Der Weg $F_1 \overline{F_1'} \overline{F_1''} \overline{F_1'''} \overline{F_1''''} F_2$ enthält 6 Schwellen, ist also weiter. Wir fahren so lange fort, bis wir genügend Wege abgemessen haben. *Derjenige, welcher die geringste Anzahl von Schwellen birgt, ist der gesuchte. Die Anzahl der hierbei gewonnenen Schwellen gibt uns dann empfindungsgemäß eine Maßzahl über den empfindungsgemäßen Abstand der beiden Farben F_1 und F_2 bezüglich des Gesamtcharakters.*

Es braucht nicht betont zu werden, daß nicht etwa die geradlinige Verbindung von F_1F_2 im reizmetrischen Farbenraum auch die geringste Anzahl von Schwellen liefern muß, d. h. auch gleichzeitig die kürzeste empfindungsgemäße Entfernung zwischen zwei Farben darstellt.

Ferner möchten wir grundsätzlich darauf aufmerksam machen, daß die eben skizzierte Durchmessung des Farbraumes wieder nichts anderes bedeutet, als Aufstellung von empfindungsgemäß gleichabständigen Maßstäben. Die Gleichabständigkeit wird durch die Aufstellung der Empfindungsschwellen gewährleistet. Die Stufen haben eine komplizierte Form. Wir wollen das an einem krassen Beispiel erläutern: Von einem gesättigten Blau soll der empfindungsgemäße Abstand zu einem gesättigten Rot bestimmt werden. Hierzu geht man z. B. schwellenmäßig vom Blau auf der Spektral- bzw. Purpurgeraden nach Rot und stellt sich auf diese Weise den Maßstab her, welcher als *O*-Punkt Blau und als Maßstabpunkte die gesättigten Violett- und Purpurtöne besitzt, und zwar empfindungsgemäß gleichabständig. Ferner wandern wir vom Blau über die verweißlichten Blautöne, Weiß, die verweißlichten Rottöne zum Rot. Auch das kann in Form eines Maßstabes mit empfindungsgemäß gleichabständigen Stufen ausgeführt werden. Denjenigen der (noch zu vermehrenden) Maßstäbe, welcher beim Anlegen zwischen Blau und Rot die geringste Anzahl von Schwellen darbietet, wenden wir bei unserer Messung an.

Die Kenntnis des oben abgeleiteten Abstandes des Gesamtcharakters ist nun natürlich nicht für den Vergleich von Original und Wiedergabe genügend. Man müßte vielmehr außerdem noch wissen, in welchem Sinne die Farben diesen oder jenen Abstand haben. Zu diesem Zwecke ist man gezwungen, doch wieder die „Charakterisierung von Original und Wiedergabe" sich einzeln anzusehen. Vielleicht ist es aber zweckmäßiger, für diese Fälle die erwähnte absolute Charakterisierung unter Heranziehung des Schwellenmaßes anzuwenden. Wir wollen auch hier darauf nicht näher eingehen, weil die Verhältnisse sehr kompliziert liegen.

Zusammenfassend wird festgestellt, daß die Aufstellung des oben beschriebenen Abstandsverfahrens zwar unter Umständen sehr langwierig, aber experimentell einigermaßen leicht ausführbar ist, denn die Versuchsperson hat nur darauf zu achten, daß zwischen den beiden dargebotenen Farben ein Unterschied zu beobachten ist. *Wie* sich der Unterschied charakterisiert, ist unwesentlich. Das steht im Gegensatz zu dem vorangehenden Verfahren, bei dem die Unterschiede genau charakterisiert werden müssen. Die Langwierigkeit des Abstandsverfahrens wird dadurch noch gesteigert, daß man beim Abstand irgend welcher anderer Punkte die Messungen, die man früher benutzte, im allgemeinen nicht verwerten kann, da hierfür wieder ein anderes System von Schwellenflächen konstruiert werden muß.

d) Funktioneller Zusammenhang zwischen reizmetrischen und empfindungsgemäßen Maßzahlen

Es erscheint daher fast hoffnungslos, ein derartiges Abstandssystem experimentell exakt aufzustellen. Indessen muß man folgendes bedenken: Die reizmetrischen Daten müssen in irgendeinem funktionellen Zusammenhang stehen zu den empfindungsgemäßen Maßzahlen. Denn schließlich ist die Empfindung über physiologische (und damit physikochemische) Prozesse mit dem Reiz verbunden, deren Ablauf bestimmten Gesetzen unterworfen sein muß. Es ist auch anzunehmen, daß die Empfindung selbst einen gesetzmäßigen Zusammenhang mit diesen physiologischen Momenten besitzt.

Von solchen Gesichtspunkten ausgehend, hat man versucht, diese Zusammenhänge aufzufinden. Das heißt man bemühte sich, ein Transformationsgleichungssystem[1])

$$\begin{aligned} \bar{x}' &= f_1(\bar{x}\,\bar{y}\,\bar{z}) \\ \bar{y}' &= f_2(\bar{x}\,\bar{y}\,\bar{z}) \\ \bar{z}' &= f_3(\bar{x}\,\bar{y}\,\bar{z}) \end{aligned} \tag{1}$$

aufzustellen, mit dessen Hilfe man den IBK-Raum, der durch die Normalreizbeträge $\bar{x}\,\bar{y}\,\bar{z}$ charakterisiert ist, in einen neuen Raum mit den Koordinaten $\bar{x}'\,\bar{y}'\,\bar{z}'$ transformieren kann. In diesem Raume sollen Farbenpaare, die gleichen Farbempfindungsunterschied in ihrem Gesamtcharakter besitzen, gleichen Abstand haben[2]).

Das bekannteste Resultat in dieser Beziehung ist das Weber-Fechnersche Gesetz, welches besagt, daß, wenn die Reize in geometrischer Reihe geordnet werden, die Empfindungen in arithmetrischen Stufen folgen, d. h. die Empfindung ist proportional dem Logarithmus des Reizes.

Es hat sich herausgestellt, daß dieses Gesetz aber nur für mittlere Werte richtig ist[3]). Ostwald hat trotzdem versucht, auf Grund des Weber-Fechnerschen Gesetzes eine empfindungsgemäße Farbordnung aufzubauen, d. h. er ordnete die Farben gleichen Farbtones in Richtung nach Weiß so an, daß die

---

[1]) Es braucht diese Transformationsgleichung nicht zu existieren, aber es kann sein, man hat Glück.

[2]) Dabei könnte es sein, daß der neue Raum kein Euklidscher Raum ist. Im Euklidschen Raume sind die Abstände auf Geraden zu messen. Es besteht die Möglichkeit, daß der aus dem IBK-Farbraum transformierte ein nichteuklidischer ist. In ihm müssen die Abstände auf sogenannten geodätischen Linien gemessen werden. Ein anschauliches Beispiel soll erläutern, was man unter einer geodätischen Linie versteht. Zwei Punkte der Kugeloberfläche liegen auf einer Vielzahl von Kreisen (auch sonstigen Kurven), die man auf der Kugeloberfläche ziehen kann. Unter ihnen hat der Kreis, dessen Mittelpunkt im Kugelzentrum liegt, eine Sonderstellung. Mißt man nämlich die Entfernung der beiden Punkte auf all diesen Oberflächenkurven, so ist diejenige dieses besonderen Kreises die kürzeste. Unser Sonderkreis ist damit eine geodätische Linie. Grundsätzliche Erwägungen hierüber findet man bei *Helmholtz*, *Schrödinger*, *Silberstein*, *D. MacAdam*, Journ. of the optical Society, 35, 1, 45, über deren Arbeiten bei *Richter*, S. 150ff., und in der dort angeführten Literatur nachgelesen werden kann.

[3]) Vgl. *A. Klughardt*. Untersuchungen über eine gleichabständige Graureihe. Z Sinnespflege **67**, 69 (1936) *Richter* S. 151 f.

Weißreizmenge logarithmisch von der Vollfarbe nach Weiß zunahm. Das gleiche unternahm er von Weiß nach Schwarz. Im großen und ganzen ist ihm die Ordnung auch gelungen, wenn sie auch stärkeren Ansprüchen nicht genügen kann, weil eben das Weber-Fechnersche Gesetz nicht allgemein gültig ist.

Ein zweites Beispiel ist das folgende: Breckenridge und Schaub haben das System (1) in folgende lineare Form gebracht:

$$\begin{aligned} \bar{x}' &= \qquad\qquad\qquad\qquad\quad + 0{,}82303\,\bar{z} \\ \bar{y}' &= -2{,}32804\,\bar{x} + 6{,}44609\,\bar{y} + 1{,}36896\,\bar{z} \\ \bar{z}' &= +2{,}96827\,\bar{x} + 2{,}24750\,\bar{y} - 0{,}55176\,\bar{z}. \end{aligned}$$

Die Farbdreieckskoordinaten $x''\ y''$ im neuen System leiten sich ab zu

$$x'' = 0{,}075 - \frac{\bar{x}'}{\bar{x}' + \bar{y}' + \bar{z}'},$$

$$y'' = \frac{\bar{y}'}{\bar{x}' + \bar{y}' + \bar{z}'}\,0{,}500,$$

indem man noch eine Verschiebung in der Weise vornahm, daß der Weißpunkt in den 0-Punkt des rechtwinkligen Systems gelangte.

In diesem neuen System sollen nun für reizmetrisch *gleich helle Farben* gleichen Abständen *im Farbdreieck* gleiche Empfindungsunterschiede im Gesamtcharakter entsprechen. Es nennt sich das **R**ectangular **U**niform **C**hromaticity **S**cale (vgl. auf Judd. Literatur bei Richter, S. 167 ff.). RUCS-System.

Ganz einwandfrei ist auch dieses System nicht. Außerdem gelten die gleichen Abstände ja nur für Schnitte gleicher Helligkeit im Farbraum. Die Abstände des einen Schnittes sind nicht auf diejenige eines zweiten zu übertragen. Wie weit dieses „RUCS-System" geeignet ist, gleiche Farbabstände festzustellen, zeigt die Abb. 29, in der die eingezeichneten Strecken je zwei Farben verbinden, welche gleichem Empfindungsunterschied entsprechen. Man sieht, daß die Abstände nicht überall gleich sind.

Trotzdem ist das System schon in der Farbenphotographie zum Vergleich von Original und Wiedergabe mit einigem Erfolg angewandt worden (Dresler, Zs. f. wiss. Phot., 40, [1941] S. 145, Schultze, Hörmann).

Als drittes Beispiel führen wir den sogenannten Munsell-Körper an.

Munsell stellte für eine Farbe die empfindungsgemäßen Bestimmungsstücke Value, Chroma und Hue[1]) auf. Die Value setzte er proportional der Wurzel aus der Helligkeit, das Chroma bei gleicher Helligkeit proportional dem Farbmoment von S. 39ff. Hue hängt mit dem Farbton zusammen. Es werden 10 besonders angeordnete Hauptfarben ausgewählt, von denen je zwei einander kompensativ sind (vgl. M. Richter, Film und Farbe, Berlin 1942, S. 113)[2]).

---

[1]) Deutsche Bezeichnungen lassen sich hierfür nicht angeben.

[2]) Diese Betrachtungen basieren auf einer Reihe von amerikanischen Arbeiten (*K. S. Gibson, J. J. Glenn, A. C. Hardy, D. B. Judd, J. T. Killian, S. M. Newhall, D. Nickerson, J. E. Tyler.* J. O. S. A. 30 (1940), S. 574ff.).

Wie weit dieses System den idealen Anforderungen an ein empfindungsgemäßes Maßsystem entspricht, können wir nicht entscheiden. In neuerer Zeit benutzen es die Amerikaner[1]), um die Transformationsgleichungen (1) aufzustellen. Es macht indessen den Eindruck, als ob das noch nicht voll gelungen ist. Die Transformationsgleichung ist nach den Autoren nicht linear.

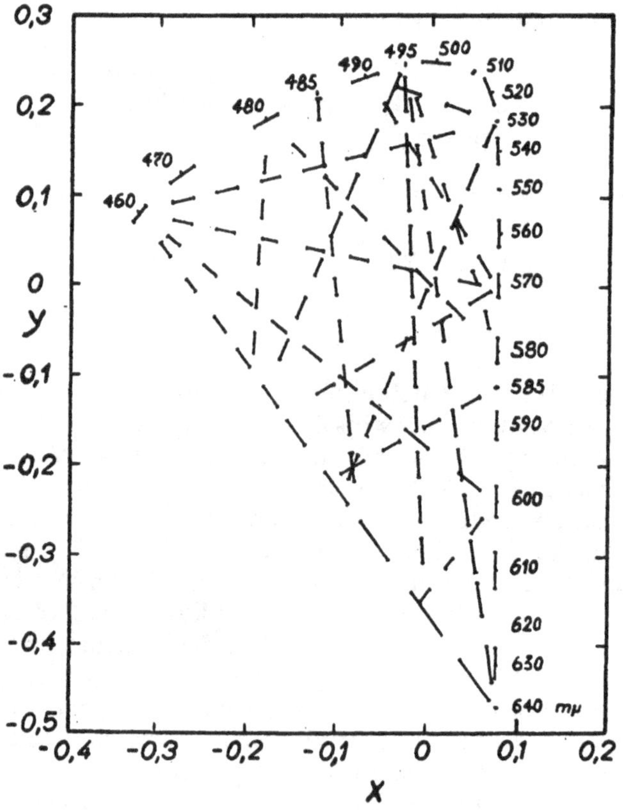

Abb. 38. Das RUCS-System

Aus all den Versuchen[2]) geht hervor, daß eine gewisse Aussicht besteht, die Transformationsgleichung, die den IBK-Raum in den Empfindungsraum überführt, ermitteln zu können. Indessen glauben wir, daß die experimentellen Daten, welche bis jetzt vorliegen, vielleicht doch noch nicht genügen und eine systematische Durchmusterung etwa im Sinne dieser Arbeit notwendig ist.

[1]) *P. Moon, D. E. Spencer*, J. opt. Soc. Am. 33, (1943), S. 260, S. 270; *J. I. Sounderson, B. I. Milner*, J. opt. Soc. Am. 34 (1944), S. 167.

[2]) Wir erwähnen noch (nach Schluß der Redaktion) das wichtige neue System von *M. Richter* (S. 56 l. c.). Wir wollen indessen darauf nicht näher eingehen, da es in einigen Punkten vermutlich noch verändert wird.

III. Schluß

Damit schließen wir unsere Betrachtungen, welche einen kurzen aber grundsätzlichen Einblick in das Gebiet der Farbenlehre im Interesse der Farbenphotographie geben sollten. Wir beschäftigten uns daher mit dem, was uns bei der Betrachtung der Farbe zuerst ins Auge springt, nämlich mit der Empfindung. Darauf gingen wir zu dem über, was dieser Empfindung als allererste Ursache zugrundeliegt, nämlich zur physikalischen Strahlung als Reiz. Grundsätzlich vernachlässigt haben wir rein physiologische Fragen, weil sie bei unseren Betrachtungen nicht unbedingt notwendig sind, da uns in der Farbenphotographie im allgemeinen die Farbe als Empfindung und deren unmittelbare Ursache, die Strahlung, interessieren. Das erste Moment beschäftigt in der Hauptsache den ausübenden Photographen, das zweite den Techniker. Im Anschluß hieran brachten wir die für die Farbenphotographie so wichtige Farbmetrik. Auch hier beschränkten wir uns auf das Grundsätzliche, um im wesentlichsten *das Verständnis* für die wichtigsten Verfahren zu erwecken. Ausführliche Rezepte für die Farbmetrik haben wir vermieden, weil diese an geeigneter Stelle nachgelesen werden können. Ebenfalls nur im grundsätzlichen Sinne beschrieben wir die Aufstellung empfindungsgemäßer Farbmaßzahlen, einmal, weil dieses Gebiet bei weitem noch nicht abgeschlossen ist, andererseits, um dem farbenphotographisch interessierten Leser zu zeigen, was solche Farbmaßzahlen überhaupt bedeuten, wie sie aufgefunden werden können und in welchem Sinne sie anzuwenden sind.

Im Rahmen der psychologischen Fragen haben wir das Gebiet der Erscheinungsweisen der Farben, obwohl es sehr wichtig ist, nur kurz gestreift. Das geschah aus dem Grunde, weil dieses Gebiet im Zusammenhang mit der Farbenphotographie noch nicht genügend bearbeitet ist. Nicht beschrieben wurden ferner die Erscheinungen der Nach- und Kontrastempfindungen. Auch dieses Gebiet besitzt für die Farbenphotographie, insbesondere für die Kinematographie, eine große Bedeutung. Aber auch hier ist der Kontakt zwischen beiden Gebieten noch nicht eingehend genug hergestellt, als daß man hierüber Genaueres schreiben könnte (Richter, S. 95ff. und H. Frieser und F. Reuther, Licht und Farbe, Berlin 1934, S. 109). Vermieden wurde endlich die Beschreibung der Pathologie des Farbensehens, obwohl auch sie allgemein und speziell für die Farbenphotographie nicht unwichtig ist. Es wäre über den Umfang dieser Schrift hinausgegangen (vgl. J. Schmidt im Richter, S. 76ff.). Wir haben bei unseren Betrachtungen eine Farbennormalsichtigkeit vorausgesetzt. Zum Schluß wollen wir noch erwähnen, daß in dem letzten Jahrzehnt das Bestreben vorhanden ist, die farbenphotographischen Momente, wie Aufnahmefilter, Sensibilisation, Wiedergabefilter usw., rechnerisch zu erfassen.

Während der Ausarbeitung dieser Schrift sind zwei lesenswerte Bücher über Farbenlehre entstanden: P. I. Bouma, Physical aspects of colour, Eindhoven 1947. G. Klappauf, Einführung in die Farbenlehre, Leipzig 1949.

Wir bringen zum Schlusse eine Tabelle über die wichtigsten Begriffe der Farbenlehre. Sie lehnt sich eng an das Normblatt Din 5033 in der augenblicklichen Fassung an. Es ist indessen eine Umarbeitung des Normblattes geplant, wobei einige Begriffe geändert werden sollen.

IV. Tabelle der gebräuchlichsten Begriffe

Begriff	Seite	Bezeichnung	Definition
Absorption	—	—	Ein Lichtstrahl erleidet eine Absorption, wenn auf seinem Wege strahlende Energie in stoffgebundene übergeht (DIN 1349).
Additive Farbmischung	8ff.	—	Gleichzeitige Einwirkung von Farbreizen auf das Auge (z. B. durch den Farbkreisel).
Additivitätstheorem der Helligkeit	37ff.	—	behandelt die Frage, ob bei additiver Mischung zweier Farbreize die Helligkeiten sich ebenfalls additiv verhalten.
Bedingt gleiche Farbreizvalenzen	12	—	sind gleiche Farbreizvalenzen mit verschiedenen Farbreizen, identisch mit dem früheren Begriff ,,metamere Farbreize'', siehe ferner unbedingt gleiche Farbreizvalenzen.
Bunt	5	—	Psychologisch: Durch sich selbst definiert, Gegensatz zu unbunt. Eine Farbe, bei der auch nur eine Spur Buntheit erkannt wird, heißt auch schon bunt. Reizmetrisch: Farbreize, deren trichromatische Farbmaßzahlen untereinander ungleich sind, in einem Eichreizsystem, bei dem die Flächeninhalte der spektralen Eichreizkurven für das äquienergetische Spektrum gleich sind, z. B. im IBK-System.
Buntheit	—	—	Psychologischer Begriff: Inbegriff des Bunten.
Dreifarbenmischapparat	52	—	Apparat zur Bestimmung der Farbreizvalenzen. Er beruht auf additiver Mischung dreier festgegebener Eichreize.
Dreslerzelle	53	—	Eine Photozelle, deren Empfindlichkeitsverteilung den Normalreizkurven angepaßt ist. Mit ihrer Hilfe kann man objektiv die Normalreizbeträge bestimmen.

Begriff	Seite	Bezeichnung	Definition
Eichmomente	39ff.	$M_1 M_2$	Die auf zwei Drehachsen eines Farbdreiecks bezogenen Drehmomente, wenn es sich bei Unterstützung in einem gegebenen Farborte und bei Anhängung der Eichreizbeträge der gegebenen Farbreizvalenz als Gewichte an die Ecken des Dreiecks im Gleichgewicht befindet.
Eichreizanteile	28	rgb	Auf die Summe 1,0 bezogene Eichreizbeträge in irgendeinem Eichreizsystem (gleichzeitig Dreieckskoordinaten).
Eichreizbeträge	28	$\mathfrak{r}\mathfrak{g}\mathfrak{b}$	Die Beträge der Eichreize, die man additiv mischen muß, um die Farbreizvalenz darzustellen (Farbgleichheit der Eichreizmischung mit dem Prüfling notwendig).
Eichreize	24	RGB	sind drei geeignete Farbreize, z. B. Spektralreize, mit deren Hilfe man Farbreizvalenzen ermitteln kann.
Empfindung	1	—	Psychologischer Begriff: Die primäre Reaktion der Seele auf einen Reiz. Nur durch sich selbst definierbar.
Endfarben	21	—	Optimalfarben, deren Spektralreize in einem Endgebiet des Spektrums liegen.
Erscheinungsweise der Farben	7	—	ist diejenige Wahrnehmung, in der sich die Farben in Verbindung mit den farbigen Gegenständen oder von ihnen losgelöst in besonderer Weise präsentieren (Oberflächenfarbe, Raumfarbe, Beschattung usw.).
Farbe	1	—	Vereinfachter Begriff für Farbempfindung. Unterscheidbares an den Sehdingen nach Elimination der Struktur- und Raumwahrnehmung. Psychologischer Begriff der Sehdinge.
Farbempfindung	4ff.	—	Verl. Farbe. Psychologischer Begriff.
Farbdreieck	25ff.	—	Die geometrische Darstellung der Farbreizanteile.
Farbgleichung	28	$F = \mathfrak{r}R + \mathfrak{g}G + \mathfrak{b}B$ oder $F = \mathfrak{x}X + \mathfrak{y}Y + \mathfrak{z}Z$	Vektorielle Darstellung der additiven Mischung von Farbreizen, z. B. von drei Farbreizvalenzen mit den Eichreizbeträgen $\mathfrak{r}\mathfrak{g}\mathfrak{b}$ der Eichreize RGB bzw. der Normalreizbeträge $\mathfrak{x}\mathfrak{y}\mathfrak{z}$ der Normalreize XYZ.
Farbkreisel	47	—	Eine rotierende Scheibe, auf welcher einige Pigmente in Sektorenform aufgebracht sind.

Begriff	Seite	Bezeichnung	Definition
Farbmaßzahlen	11f. 49ff.	—	Drei Zahlen, mit denen insbesondere eine Farbreizvalenz reizmetrisch, aber auch eine Farbempfindung metrisch charakterisiert werden.
Farbmaßzahlsysteme	49ff.	—	Die verschiedenartigen Systeme, in denen man die Farbmaßzahlen darstellen kann (z. B. trichromatisches System, *Helmholtz*-System, *Ostwald*-System).
Farbmetrik	22ff.	—	Oberbegriff über Farbreiz- und Empfindungsmetrik.
Farbmoment	39ff.	M	Das Produkt aus Farbgewicht und Abstand des Farbdreieckspunktes vom Unbuntpunkt (identisch mit leukozentrisches Farbmoment).
Farbraum	25ff.	—	Raum mit den Koordinaten der Eichreizbeträge.
Farbreiz	1	—	Der Farbreiz ist die physikalisch auf das Auge einwirkende Ursache für die Farbempfindung. Insbesondere wird die sichtbare Strahlung als Farbreiz betrachtet.
Farbreizmetrik	22	—	Lehre von den Maßsystemen der Farbreizvalenzen.
Farbreizvalenz	12	—	Dem Farbreiz wird eine Farbreizvalenz als Ausdruck seiner eigentümlichen Bewertung durch das Auge zugeordnet Sie wird durch drei Farbmaßzahlen gekennzeichnet.
Farbreizvalenzen gleicher Reizart	28	—	Farbreizvalenzen mit gleichen Eichreizanteilen oder gleichem Farbdreiecksort.
Farbreizvalenzgewicht	28	$\bar{r} + \bar{g} + \bar{b}$ bzw. $\bar{x} + \bar{y} + \bar{z}$	Summe der Eichreizbeträge.
Farbtongleiche Wellenlänge	51 44	λ_f oder λ_k	Die Wellenlänge desjenigen Spektralreizes, dessen additive Mischung mit Unbuntreiz die gleiche Farbreizvalenz besitzt wie der zu vergleichende Farbreiz. λ_f gilt für die Spektralreize, λ_k ist Gegenwellenlänge eines Purpurreizes.
Farbtongleichheit	42	—	liegt vor, wenn Farbreize gleicher farbtongleicher Wellenlänge gegeben sind. Der Begriff kann auch empfindungsmetrisch für Farben gewählt werden, deren *empfindungsgemäßer* Farbton der gleiche ist. Beide Begriffe sind nicht identisch. Im zweiten Falle spricht man besser von empfindungsgemäßer Farbtongleichheit.

Begriff	Seite	Bezeichnung	Definition
Flächenfarbe	7	—	Farben, die an keine Oberfläche oder einen Raum gebunden sind. Himmel, subjektives Augengrau, Farben in optischen Apparaten bei schwarzer Umgebung. Eine besondere Erscheinungsweise der Farbe. Auch freie Farbe genannt.
Freie Farbe	7	—	Siehe Flächenfarbe.
Gegenfarbreize	9	—	Gegenfarbreize sind solche Farbpaare, deren additive Mischung Unbunt ergibt, ohne daß sie sich zum Gesamt-Weißspektrum ergänzen.
Gesamtfarbeneindruck	61	—	Begriff der Farbempfindungsmetrik: Farbeindruck ohne Rücksicht auf die Einzelfarbeindrücke (wie Schwarz-,Bunt- usw. Empfindung). Summarische Empfindung aller dieser Einzelempfindungen.
Helligkeit	6, 19	—	Psychologisch ist Helligkeit durch sich selbst definiert. Reizmetrisch ist Helligkeit das Integral $\int_{380}^{780} \varphi_\lambda V_\lambda d\lambda .$ φ_λ = Energieverteilung des Farbreizes, $V(\lambda)$ die Helligkeitsverteilung eines äquienergetischen Spektrums.
*Helmholtz*sche Farbmaßzahlen	50 f.	λ_f, p oder σ, $\bar{y}$.	Darstellung der Farbreizvalenz durch die Farbmaßzahlen λ_f = farbtongleiche Wellenlänge, σ = spektraler Farbanteil, oder p = spektrale Farbdichte und $\bar{y}$ = Helligkeit.
Helligkeitsverfahren	53	—	Verfahren zur Bestimmung von Farbreizvalenzen mit Hilfe einer Meßeinrichtung, welche auf sichtbare Strahlung reagiert, (Photozelle, phot. Platte, Auge) wobei die spektrale Empfindlichkeitsverteilung der Meßeinrichtung den spektralen Eichwertkurven (z. B. durch Filter) angepaßt ist. Helligkeitsverf. sog. nach der Anwendung des Auges.
Heterochrome Photometrie	22	—	Photometrischer Vergleich verschiedenfarbiger Lichter.
IBK	32	—	Abkürzung für: Internationale Beleuchtungs-Kommission.
Kompensative Farben	9	—	Farbreize, welche, additiv gemischt, Unbunt ergeben. Oberbegriff zu komplementäre Farben und Gegenfarben.

Begriff	Seite	Bezeichnung	Definition
Komplementäre Farben	9	—	Kompensative Farbreize, die sich zum Weißspektrum ergänzen.
Körperfarben	12	—	Pigmente oder Filter, welche erst durch Einwirkung einer Strahlung, d. h. infolge Reflexion (Pigmente) oder Durchlässigkeit (Filter) ihre Strahlung ins Auge senden.
Leukozentrisches Farbmoment	41	—	Siehe Farbmoment.
*Luther-Nyberg*scher Farbkörper	47	M, $\bar{x}+\bar{y}+\bar{z}$; λ_f	Geometrische Darstellung einer Farbreizvalenz durch das Farbmoment M, das Farbreizvalenzgewicht $\bar{x}+\bar{y}+\bar{z}$ und die farbtongleiche Wellenlänge λ_f.
Metamere Farben	12	—	Siehe bedingt gleiche Farbreizvalenzen (veralteter Ausdruck).
Mittelfarbe	21	—	Optimalfarbe, deren Spektralreize *in der Mitte* des Spektrums liegen.
Mittelfehlfarbe	21	—	Optimalfarbe, deren Spektralreize an *beiden Enden* des Spektrums liegen.
Munsellkörper	65	—	Geometrische Darstellung der Farbempfindungen mit den Koordinaten; Value, Chroma, Hue. Value (Helligkeitsbegriff) ist proportional der Wurzel aus der reizmetrischen Helligkeit. Chroma (Sättigungsbegriff) ist bei gleich hellen Farben proportional dem Farbmoment. Hue (Farbtonbegriff) ist durch 10 Hauptfarben festgelegt, die paarweise kompensativ sind.
Normalbeleuchtung	36	—	Zweckmäßig gewählte Beleuchtungen mit festgelegter spektraler Energieverteilung. Normalbeleuchtung *A* Glühlampe mit der Farbtemperatur 2850° K; Normalbeleuchtung *B* etwa 4800° K; Normalbeleuchtung *C* etwa 6500° K; Normalbeleuchtung *E* ist unbunt bzw. hat dieselbe Farbe wie ein zusammengefaßtes äquienergetisches Spektrum.
Normalreiz	34f.	XYZ	Die von der IBK aufgestellten Eichreize (virtuell) (Normalreizsystem).
Normalreizanteile	36	xyz	Auf die Summe 1,0 bezogene Reizbeträge im Normalreizsystem. (Gleichzeitig Dreieckskoordinaten).
Normalreizbeträge	35	$\bar{x}\,\bar{y}\,\bar{z}$	werden die Eichreizbeträge der IBK genannt, wenn sie so berechnet sind, daß für eine weiße Fläche der $\bar{y}$-Betrag gleich 100 wird.

Begriff	Seite	Bezeichnung	Definition
*Nyberg-Luther*scher Farbkörper	47	—	Siehe *Luther-Nyberg*scher Farbkörper.
Oberflächenfarbe	7	—	Erscheinungsweise der Farbe, die an eine Oberfläche gebunden ist.
Optimalfarbe	20	—	Pigmentfarbe, dessen spektraler Remissionsgrad entweder 0 oder 1 ist und der nur zwei Sprungstellen von 0 auf 1 bzw. umgekehrt im Spektrum besitzt.
Optimalfarbendiagramm	42f.	M_1; M_2; λ_f	Geometrische Darstellung der Optimalfarben. Koordinaten sind die beiden Eichmomente M_1 und M_2 derjenigen Optimalfarben, bei denen die kurzwellige Grenze festgehalten und die langwellige variiert wird. Parameter ist die langwellige Grenzwellenlänge λ. Es ist dazu geeignet, die Bestimmungsstücke einer Optimalfarbe bequem zu ermitteln.
*Ostwald*sches Rohr	18	—	Ein innen geschwärztes Rohr. Betrachtet man durch ein solches schwarzverhüllte Farben, so schwindet ihre Schwarzverhüllung.
*Ostwald*sche Farbmaßzahlen	51f. 48f.	$v + s + w = 1$ λ_f bzw. λ_k	Darstellung der Farbreizvalenzen durch Schwarz-, Weiß- und Vollfarbenanteil $v + s + w = 1$ ferner die farbtongleiche Wellenlänge λ_f bzw. λ_k. Geometrisch darstellbar durch die Koordinaten des Dreiecks, welches im farbtongleichen Schnitt des *Luther-Nyberg*schen Farbkörpers (s. d.) den Vollfarbenpunkt mit den Schwarz- und Weißpunkten verbindet.
Psychologie der Farben	4	—	behandelt die Farben hinsichtlich der Empfindung bzw. Wahrnehmung.
Pigment	12	—	Siehe Körperfarbe.
Raumfarbe	7	—	Erscheinungsweise der Farbe, die wir an räumlichen, durchsichtigen Medien beobachten.
Remissionsgrad	12	—	Verhältnis der Leuchtdichte der zu untersuchenden farbigen zu der einer idealen weißen Fläche.
Rösch-Verfahren	52	—	bestimmt die Farbreizvalenz aus den mit dem Prüfling farbtongleichen Optimalfarben (Optimalfarbenkolorimeter).

Begriff	Seite	Bezeichnung	Definition
RUCS	65	—	Rectangular Uniform Chromaticity Scale. Ein aus dem IBK-System durch lineare Transformation entstandenes neues Eichreizsystem, in welchem gleich weit bezüglich des Gesamtcharakters von einander entfernte *gleichhelle* Farben im Farbdreieck den gleichen Abstand haben.
Sättigung	50f.	—	Verhältnis von Farbgehalt zu Unbuntgehalt. Ausgedrückt durch den spektralen Farbanteil oder spektrale Farbdichte.
Schwarzanteil	47f.	s	eine *Ostwald*sche Farbmaßzahl. Schwarzsektor eines Farbkreisels in Anteilen des Vollkreises, auf dem die Schwarz-, Weiß- und Vollfarbensektoren aufgetragen sind.
Schwärzlichkeit	5; 15	—	Psychologischer Begriff. Er sagt über eine Farbe aus, daß ihre Buntheit durch Schwarz verhüllt ist. Identisch mit Schwarzverhüllung.
Schwarzverhüllung	5, 15	—	Siehe Schwärzlichkeit.
Sehapparat	18	—	Auge (peripher). Nervenbahnen und Sehsphäre des Gehirns (zentral).
Selbstleuchter	12	—	Gegenstand, welcher unmittelbar Strahlung ins Auge sendet (vgl. Körperfarbe).
Spektrale Eichwertkurven	33	—	sind drei Kurven. Ordinate: Eichreizbeträge der Spektralreize, Abszisse: λ.
Spektrale Farbdichte	50	p	$p = \frac{\bar{y}_s}{\bar{y}} = \frac{x - 1/3}{x_s - 1/3} \cdot \frac{y_s}{y}$; $\bar{y}_s$ mittlerer Normalreizbetrag des im Farbreiz enthaltenen Spektralreizes. y_s der Normalreizanteil des Spektralreizes.
Spektrale Helligkeitsverteilung	19f.	V_λ	Helligkeitsverteilung eines äquienergetischen Spektrums.
Spektraler Farbanteil	50		$\sigma = \frac{x - 1/3}{x_s - 1/3} = \frac{y - 1/3}{y_s - 1/3}$; x_s, y_s Normalreizanteile des farbtongleichen Spektralfarbreizes.
Spektralverfahren	52	--	Ermittlung der Eichreizbeträge aus der Energieverteilung des Farbreizes.
Trichromatische Maßzahlen	25 49	$x\,y\,z$	Darstellung der Farbreizvalenz durch die Eichreizbeträge bzw. Normalreizbeträge.

Begriff	Seite	Bezeichnung	Definition
Unbedingt gleiche Farbreizvalenzen	12	—	Gleiche Farbreizvalenzen mit gleichen Farbreizen. Vgl. bedingt gleiche Farbreizvalenzen.
Unbunt	5; 34	—	Psychologisch durch sich selbst definiert. Gegensatz zu bunt. Reizmetrisch: Farbreize, deren trichromatische Farbmaßzahlen identisch sind in einem Eichreizsystem, bei dem die Flächeninhalte der spektralen Eichreizkurven des äquienergetischen Spektrums gleich sind.
Unbuntverhüllung	5	—	Psychologischer Begriff: Verhüllung der Buntheit durch Schwarz und/oder Weiß.
Uneigentliche Farbmischung	32	—	Addive Farbmischung mit Farbreizen, deren Farbreizvalenzen z. T. negative Maßzahlen besitzen.
Urfarben	5	—	Psychologischer Begriff. Farben, deren empfindungsgemäßer Farbton einheitlich ist. Rot, Gelb, Grün und Blau. Gegensatz Mischfarbe, z. B. Gelbgrün, Blaurot, Gelbrot usw.
Urfarbton	57	—	Psychologischer Begriff: Farbton einer Mischfarbe, dargestellt durch den empfindungsgemäß festgestellten Urfarbenanteil.
Virtuelle Farbreize	34	—	Farbreize, welche an sich nicht realisierbar sind, aber errechnet werden können, z. B. die Normalreize der IBK. *XYZ*.
Vollfarbe	21 44	—	Optimalfarbe, deren spektrale Grenzen bei Gegenfarben liegen.
Weißanteil	45 ff. 51	—	Eine *Ostwald*sche Farbmaßzahl. Weißsektor eines Farbkreisels, auf dem der Schwarz-, Weiß- und Vollfarbensektor aufgetragen ist.
Weißlichkeit	5	—	Psychologischer Begriff. Er sagt über eine Farbe aus, daß ihre Buntheit durch Weiß verhüllt ist. Identisch mit Weißverhüllung.
Weißverhüllung	5	—	Siehe Weißlichkeit.

V. Tabelle der Umbenennung einiger Begriffe*

Alte Bezeichnung	Alte Kennzeichnung	Neue Bezeichnung	Neue Kennzeichnung
Eichreizanteile	rgb	Farbwertanteile	rgb
Eichreizbeträge	$\bar{r}\bar{g}\bar{b}$	Farbwerte	RGB
Eichreize	RGB	Primärvalenzen	$\mathfrak{R}\mathfrak{G}\mathfrak{B}$
Eichreizkurven	$\bar{r}_\lambda \bar{g}_\lambda \bar{b}_\lambda$	Spektralwertkurven	$\bar{r}_\lambda \bar{g}_\lambda \bar{b}_\lambda$
Farbdreieck		Farbtafel	
Farbreizvalenzgewicht Farbreizsumme		Farbwertsumme	
Farbgleichung	$F = \bar{r}R + \bar{g}G + \bar{b}B$	Farbgleichung	$\mathfrak{F} = R\mathfrak{R} + G\mathfrak{G} + B\mathfrak{B}$
Farbreizbeträge	$\bar{r}\bar{g}\bar{b}$	Farbwerte	RGB
Farbreizmetrik		Farbvalenzmetrik	
Farbreizvalenz		Farbvalenz	
Farbreizvalenzen gleicher Reizart		Farbvalenzen gleicher Farbart	
Helmholtzsche Farbmaßzahlen	λ_f bzw. λ_k p oder σ; $\bar{y}$		λ_f bzw. λ_k; p_c oder p_e; Y
IBK		CIE	
Normalbeleuchtung		Normlichtart	
Normalreize	XYZ	Normvalenzen	$\mathfrak{X}\mathfrak{Y}\mathfrak{Z}$
Normalreizanteile	xyz	Normfarbwertanteile	xyz
Normalreizbeträge	$\bar{x}\bar{y}\bar{z}$	Normfarbwerte	XYZ
Normalreizsystem		Normvalenzsystem	
Reizart		Farbart	
Relative spektrale Energieverteilung		Farbreizfunktion	
Spektrale Eichwertkurven	$\bar{r}_\lambda \bar{g}_\lambda \bar{b}_\lambda$	Spektralwertkurven	$\bar{r}_\lambda \bar{g}_\lambda \bar{b}_\lambda$
Spektrale Normalreizbeträge	$\bar{x}_\lambda \bar{y}_\lambda \bar{z}_\lambda$	Normspektralwerte	$\bar{x}_\lambda \bar{y}_\lambda \bar{z}_\lambda$
Spektrale Remissionsfunktion			β_λ
Spektralfarbenkurve		Spektralfarbenzug	

* Wie im Vorwort gesagt, wurden mit Neufassung des Normblattes DIN 5033 im April 1954 die Begriffe der Farbmetrik z. T. anders benannt. Die Tabelle erläutert diese Änderungen. Es empfiehlt sich, in Zukunft die neue Bezeichnung und Kennzeichnung zu wählen.

VI. Die DIN-Farbkarte

Es seien an dieser Stelle noch einige Worte über das System der neuerdings ausgearbeiteten DIN-Farbkarte (Normblatt 6164) gesagt. Wenn die vorliegende Schrift völlig umgearbeitet wäre, hätte man dieses System natürlich eingehend in den Text auf den Seiten 49ff. (die Maßzahlsysteme) einarbeiten müssen. Da das nicht möglich war, soll es hier nur kurz besprochen werden.

Das System ist unter die valenzmetrischen Belange des Normblattes DIN 5033 eingereiht. Um es aber möglichst gleichmäßig, übersichtlich und anschaulich zu gestalten, ließ man empfindungsgemäße Gesichtspunkte bei seiner Ausarbeitung walten (vgl. S. 39).

Die Farbtöne T wurden an möglichst gleich gesättigt (gleich weißlich) erscheinenden Farben nach gleichen empfindungsgemäßen Schritten geordnet (24 Stufen, NB. nicht als Urfarbenschritte). Zur Charakterisierung des Farbtones einer beliebigen Farbe werden in der Farbtafel des Normvalenzsystems die Orte der ermittelten 24 Farbtöne mit dem Ort der Mittelpunktsvalenz verbunden. Farben auf einer solchen Geraden gelten als solche gleichen Farbtones mit demjenigen der festgelegten Farben.

Es wurden Farben aller 24 Farbtöne T so ausgewählt, daß sie als gleich gesättigt (gleich weißlich) erschienen, und zwar bei gleicher Dunkelstufe D (s. später). Diese trug man in Form von geschlossenen Sättigungskurven in die Farbtafel des Normvalenzsystems ein. Ferner wurden die auf dem farbtongleichen Farbstrahl empfindungsgemäß gleichabständigen Sättigungsstufen S (wieder bei gleicher Dunkelstufe) ermittelt und die entsprechenden Sättigungsstufen-Kurven in der Farbtafel des Normvalenzsystems konstruiert.

Die Dunkelstufen D entstehen aus der Formel

$$D = 10 - 6{,}1723 \log \left(40{,}7 \frac{A}{A_0} + 1\right),$$

wobei A den Hellbezugswert der Farbe und A_0 denjenigen der farbtongleichen Optimalfarbe darstellt. Auf diese Weise erhält man empfindungsgemäß gleiche Dunkelwert-Abstufungen. $h = \frac{A}{A_0}$ ist die von Rösch eingeführte Relativhelligkeit (s. S. 52).

Bis auf den Farbton ist also das System vom Empfindungsstandpunkt aus als ein System aufzufassen, welches S. 56ff. als „Empfindungsgemäße Charakterisierung einer Farbe" bezeichnet wurde. Ein System gleichen empfindungsgemäßen Abstands zweier Farben ist es naturgemäß nicht (vgl. S. 61). Die Farbtöne sind zwar gleichabständig angeordnet, aber bei Übergang von einer Sättigungsstufe oder Dunkelstufe zur anderen kann der Farbton sich bekanntlich etwas ändern (s. S. 51).

Die valenzmetrischen Daten sind im Normblatt DIN 6164 aufgeführt und man muß, um dieses System zu benutzen, sich eng an die Vorschriften halten.

Im Sinne der Betrachtungen B. b (S. 56ff.) läßt sich die DIN-Farbkarte bedingt zur Prüfung der Farbwiedergabe in der Farbenphotographie anwenden.

Literatur

M. Richter Das System der DIN-Farbkarte
Die Farbe, Bd. 1 S. 85. 1952/53
W. Budde Vergleich der DIN-Farbkarte mit anderen Systemen
ibid. S. 99
H. Weise Farbtoleranzen und DIN-Farbkarte
ibid. S. 111
M. Richter Die Ausführungsform der DIN-Farbkarte
ibid. S. 122
H. Goerldt Die Herstellung des Entwurfs der DIN-Farbkarte
ibid. S. 128
R. Reuhter Die Anwendung der DIN-Farbkarte in der Farbenphotographie
ibid. S. 142
DIN-Farbkarte DIN 6164
ibid. S. 147

Namen- und Sachverzeichnis

Kolibri 360 GmbH
Ferdinand-Jühlke-Straße 7
99095 Erfurt, Deutschland
produktsicherheit@kolibri360.de